U0079624

優渥叢書

優渥叢書

我從賽局理論看懂暗黑心理學

직장은 게임이다 : 회사생활을 결정짓는 27가지 묘수와 악수

遇到主管惡整、同事扯後腿，你如何讓局勢翻盤？

朴鏞三的人性暗黑賽局．第 1 冊

朴鏞三박용삼◎著
李宜蓁
馮燕珠◎譯

推薦序

應用賽局，增加生存、成為人生職場贏家的機率

FOREWORD

台灣科技大學企管系教授暨學務長　張順教

這是一本趣味十足且生活應用性很高的賽局著作，作者以一家公司成員之間的關係與互動，以及穿插多元的電影與歷史故事，利用賽局基本觀念勾勒出策略選擇與運用的精髓，讓人在閱讀之後，就可以將賽局應用在與其他人的互動之中，進而增加生存或是成為人生職場贏家的機率。

本書幾乎囊括了初階賽局常用的概念和套招，從最容易找出賽局Nash

（納許）均衡的絕對優勢策略開始，到帶有時間概念的動態賽局，作者都能以有趣的例子探索人與人之間互動後可能的均衡。本書的案例亦跨足到充分訊息與不充分訊息賽局的應用，在充分訊息之下，決策者可以回溯推論（backward induction）的方式，知悉或猜測到對手的可能策略選擇。但本書忽略了前推法（forward induction）的應用，這方法在做推論或事前規劃方面很重要，建議讀者可自行學習。在不充分訊息的賽局中，作者對於訊息經濟學中常用的反向選擇（adverse selection）、二手車（lemon car）市場、道德危險（moral hazard）與委託—代理（principal and agent）等理論，都流暢地將它們融入於個案之中。譬如在二手市場常因買者和賣者間對車子的訊息存在不對稱，造成賣者容易將品質不好的車子賣到市場上，當買者知悉賣者有此策略時，他們的反向選擇策略就是一律先殺價再說，但這會造成好的二手車不會在市場上出現，最終導致二手車市場大部分存在品質不好的車子，價格也好不到哪裡去。這種融合方式算是本書的一大貢獻，讓讀者可簡易且清楚地了解人性在策略選擇時的特質與轉變，進而可做為決策時的借鏡。

人在大部分時間所做決策算是理性的，但有時會在訊息不完全、認知能力或經驗受限，以及時間限制等情境之下，做出不完全理性的決策。譬如企業老闆在盛怒之下所做的決定極可能傷害到企業經營，或是引發人事危機，身為幕僚或是高階主管的你（妳）如何化解此一危機？甚至將危機轉為機會？此時有效的溝通形成共識，然後與同僚或老闆協調出最適策略是一種可行方式；精確擬定最佳的替代方案（best alternative to negotiated agreement）或是次佳方案（second best）也是一種途徑。但本書要告訴讀者的是，如何因情境不同善用賽局的各種套路才能選擇最精確的策略。

人心隔肚皮，人的心理本就不容易預測。但一個好的策略選擇者或是賽局專家應該從下列幾項原則中，針對所有可能的訊息中萃取出有用的訊息。首先是賽局的遊戲規則往往是必須先弄清楚的項目，像一個局究竟是僅執行一次就結束，還是一種多期的序列賽局。對於一位要被資遣的部屬跟妳（你）嗆聲，離開公司後大家後會有期、走著瞧的時候，妳（你）對這位員工採取的策略，應該會因該員工未來的落腳處或新工作不同而改變吧。第二項要確認的是，誰是真正的對手或是局中的影舞者，以及一個局有幾個人在玩。不然可能會出現被對方賣了，還要感謝對方的窘境。第三項因素是要清楚這個賽局是單純的不合作賽局，還是這個局同時混合競爭又合作的特徵。最後一項是魔鬼藏在細節裡，任何一項策略選擇很少是完美的。鴻海郭台銘董事長曾說過：計畫趕不上變化；變化趕不上一通電話。指的是策略選擇要有動態或時間觀念，加上若能分離清楚何者是戰略何者是戰術，才能有助於策略選擇的精確性。

在人與人互動過程中，我的經驗是常以合作的出發點進行策略選擇，比較容易降低對手的敵意，進而較容易將原先可能不是你死就是我活的零和賽局，或是可能玉石俱焚的膽小鬼賽局，轉化成雙贏的合作賽局。

本書也將賽局的觀念應用到談判，最後通牒賽局（ultimatum game）、欺騙、不可置信的威脅、達成允諾機制的設計，以及如何從人當下的外觀做出判斷等，都是常用的伎倆。但可能因篇幅的關係，作者無法盡興表達，讀者若有興趣，可從其他心理學或企業談判個案中獲取更多的知識。至於其他較高層次如混合策略賽局的運用，作者也可能因為需要更複雜且嚴謹的邏輯而僅做概略性的介紹。但筆者認為仍是瑕不掩瑜，本書仍是一本探究人性心理的好著作。

推薦序

賽局理論，化解衝突、創造雙贏的最佳解藥

FOREWORD

104人資學院資深副總經理　花梓馨

「鬥爭的話就是修羅場，享受的話就是遊樂場！」很喜歡這本書和賽局理論的提醒，不論您是剛進職場的新鮮人、已有一定資歷的老鳥、承上啟下的中階主管、或者擘畫願景的高階主管，如果能從賽局理論看懂人性心理，職場，很有意思！

人們面對許多工作上的衝突、事業上的互動，既合作、又競爭，如何理解人性？如何追求利益最大化？不單只是我開心、你也開心、他也開心，創造出雙贏（Win-Win Game）局面？衝突中，如何找出平衡的解決方案，創造納許均衡（Nash Equilibrium），不要總是拚個你死我活，雙輸雙敗？我想這是很多職人極需理解與追求的。

賽局理論（game theory）是分析許多衝突情況（conflicting situation）中，行為者之間互動的模式架構理論，普遍運用在社會、經濟、政治等各種問題層面，是一種非常有趣、具有潛力的方法，在衝突中理解雙方以及多方的處境、脈絡，並判斷出自己在此情況下的最佳選擇；而這種迷人又特殊的決策理論，產自於數學與邏輯的結合。

本套書非常有趣的提供二十七種模式，將賽局理論的核心概念巧妙融入職場及生活情境。首先「甜滋滋製果企業」栩栩如生呈現一般公司在不同階層和不同職務之間可能出現的衝突；再來，看遍無數經典電影的作者也用電影著名場景例舉現實生活中可能出現的衝突僵局，或者現實生活中很難出現、但在電影場景中出現的情節；最後，作者用賽局理論解套這些發生在職場、電影、生活中的不同衝突，並提供最佳解決方案，包括：均衡、混合策略、三人賽局、膽小鬼賽局（Chicken Game）、性別賽局、鷹鴿賽局、囚徒困境（Prisoner's Dilemma）、序列賽局等理論，便是這些角色化解衝突、創造雙贏的最佳解藥。

「職場就是一場賽局，沒有衝突反而奇怪，應該要在吵雜喧鬧和一團亂當中找到自己的平衡，那就是賽局，在那裡有賽局的奧妙之處。」

看完本書，想到許多職場工作者面對主管、同事間不同立場的意見與要求，總會需要做出選擇，如何在不傷害自己的情況下達到對方也同意的方式，或是如何在不傷害對方的情況下達到自己也滿意的結局，不陷入如同膽小鬼賽局中崔課長與鄭課長的情況，不是你死就是我活，這是多麼困難的啊！

儘管是老練的主管，面對下屬不愛惜公司資源，只想得過且過、沒有跟公司站在同一條船上、心態不夠認真，主管如何避免像徐社長一樣，心裡不是滋味卻只能暗中不滿，或是避免像劉常務一樣弄得大家都害怕自己，都需要很多經驗與方法的調整，甚至天時地利人和，才能達到大家都開心的平衡。

本書提供這樣的方法與模式，讓我們參考、理解，打破「想怎麼做、就怎麼做」的慣性舊思維，改用邏輯方法設想對方的情況、以及自己可採取什麼方法，運用在實際的職場生活中，創造雙贏、營造共贏。

回想起自己一路走來的職場生活，犯的錯、跌的跤數不勝數，能夠一路走到今天，總是感激上天的護佑，每當閱讀完這本書每一章節的當下，總會問問自己，如果時間可以重來，我是不是可以運用書上所學，把心情、事情處理得更加圓滿，不管是對別人或是自己，誠摯與職場每一個重要的螺絲釘分享此書，也希望它能幫助各位在職場生活上走得更加的順遂。

作者序

解讀人性心理，就可以看到對方要出哪一招！

PREFACE

朴鏞三

經濟合作暨發展組織（OECD）成員國中，最不幸的應該非韓國人莫屬了。那是因為他們的機會有限，但慾望卻如洪水滿溢。因此，韓國人總是在被追趕中生活，自然而然產生了衝突和憤怒。尤其在職場生活更是如此。明明是拚了命念書好不容易才擠進來的職場，然而感到幸福的人卻非常稀少。雖然說工作就是工作，但困擾人的人際關係卻始終無解。即使討論職場處世的書籍很多，大多數並沒有超出孔子言論儒家教誨的範疇。

如果我們活用賽局理論（game theory，又譯為博弈論）來作為理解和管理職場衝突的一種方法呢？賽局理論基本上是一門處理兩個或更多參與者之間互動的學問。這門學問在分析——當行動不僅受到自己的行為影響，且受其他參與者的行為影響的情況下，如何做出最佳決策。

如果你像魯賓遜．克魯索（Robinson Crusoe）那樣獨自生活的話，就沒有所謂的互動，當然就沒有衝突了。但是，如果是在必須不斷與上司、同事、下屬接觸與磨合的職場上，你必須預測他人的反應，並依此採取相應的行動。因此在處理工作衝突時，賽局理論的思考方式和解決方案就很有用。

賽局理論是一九四四年由馮．紐曼和摩根斯坦撰寫的《賽局理論與經濟行為（*Theory of Games and Economic Behavior*）》理論基礎上奠定的。從那時起，它在經濟、管理、政治、社會、心理學和生物學等各個領域都有很大的影響力。總之，賽局理論是閱讀複雜世界的一種「簡單而強大」的工具。自從一九九四年約翰．納許（John F. Nash）獲得諾貝爾經濟學獎以來，賽局理論學者在過去的二十年裡曾五次得過諾貝爾獎，從這點可以看出它的學術價值。

本書是從在《經濟學人》連載的三十回「朴鏞三的電影賽局理論」專欄為起點。「電影賽局理論」是透過我們熟知的電影場景，來介紹賽局理論的核心概念。之所以會選擇電影作為素材，是因為沒有其他方式能像電影一樣，可以戲劇性地表現出人們之間衝突、合作、背叛和信任等各種互動。經過一年的連載之後，我對這些內容做了補充，並增添有關工作中的衝突，而誕生了這本書。

本書的目的就在藉著呈現工作場所衝突的各種情況，來解釋理論，並找出平衡和解決方案。為了幫助一般讀者理解，我試圖避免太多僵硬的理論內容或複雜的公式，而是致力於說明它的核心概念。為了提高同理心，我設計了一家叫做「甜滋滋製果」的虛擬企業，利用虛構的徐雲海社長、許武漢專務、劉難熙常務、全盛期部長、崔高照課長、申娜拉代理、南依德社員等之間的衝突，作為任何一家公司都可能會遇到的案例來描述。我期望能夠從賽局理論的某個角度來看待這些衝突，並開出處方。

首先，在《我從賽局理論看懂暗黑心理學》「第1章　我們一生都在博弈，輸贏的關鍵在選擇！」裡介紹了納許均衡（Nash equilibrium）、優勢策略、混合策略、三人賽局、聚焦點、有限的理性，把賽局理論中涵蓋的基本概念當作職場上衝突的背景來介紹。

在「第2章　遭人暗算時，你很難判斷是敵軍還是我軍？」當中，討論工作場所競爭造成的左右衝突情況，陸續介紹膽小鬼賽局、性別賽局、鷹鴿賽局，先行者優勢，及贏家的詛咒。

在《我從賽局理論看懂人性心理學》中，「第1章　公司是公司、我是我，千萬別搞錯了！」內容則是聚焦在大部份上班族覺得最難處理的上下之間的衝突，帶大家認識檸檬市場、欺瞞遊戲、委託—代理問題、共有財的悲劇及道德風險。

「第2章　被人陷害，你想反擊，但生性軟弱嗎？」處理的是部門間的衝突和勞資糾紛。由於需要分工和專業化，公司內部存在多個部門，這些部門之間的衝突經常為整個公司帶來傷害。我們將透過囚徒困境、最後通牒賽局、協商、序列賽局、邊緣戰術等方式，研究如何調整衝突，以使公司整體受益。

最後，在「第3章　爭鬥心態就是戰場，看懂人性就是遊樂場！」中，我們將討論如何在工作場所管理衝突，研究如何從正和賽局、逆向歸納、聲望、鎖定策略、競合策略、機制設計，讓工作場所成為更快樂的地方，讓公司更茁壯。

在撰寫本書的過程中，我得到許多人的幫助。首先我要向從「創業時隱藏的陷阱」系列（二〇一三年十月～二〇一三年十二月）開始，到「電影賽局理論」系列（二〇一四年一月～二〇一五年一月），到最近的「朴鏞三的TED PLUS」（二〇一五年四月～）系列，一直幫我連載的《經濟學人》南承律主編致上深深的謝意。此外，我要感謝南恩榮主編，我本來只是把本書當作專欄的文集，他一直強力勸我加上職場內的賽局情境。（在我遇到兩位主編之前，壓根都沒想到我今生會得到南氏家門的幫助。）我也要感謝支持並鼓勵我連載專欄文章的ＰＯＳＣＯ經營研究院的郭昌鎬院長，以及各位前輩與晚輩研究員們。

這本書是為了幫飽受壓力之苦的上班族釋放壓力而寫的。以賽局理論為基礎，把「為什麼為生氣？」、「這種情況到底要持續什麼時候？」種種問題都冷靜地分析。我希望它能像爽口的黃豆芽湯一樣，幫人們安撫憤怒、紓解壓力。懇切地希望這本書能對全國飽受上下左右各部門之間衝突所苦的二千五百萬上班族，帶來一些小小的安慰和建議。

目次 CONTENTS

納許的偉大，就是在數學上證明了在所有非合作賽局的情況下，都存在一個穩定的平衡點，這就是「納許均衡」。

Chapter 2

遭人暗算時，你很難判斷是敵軍還是我軍？

登場人物

甜滋滋製果

這是一家眾所皆知的中堅製果企業。徐雲海社長從往十里（首爾地名）後巷的一家麵包開始了踏出社會後的第一步，用一分一毫累積下來的錢自立門戶，建立了甜滋滋製果。主要生產甜甜的糕餅。

徐雲海社長

因為討厭連電都沒有的江原道某個村落，就義無反顧地進京打拚。他設法在麵包店從助手開始學習，因為肩膀寬厚，光是揉麵糰就揉了二十年。成立甜滋滋製果以後，銷售額之所以能純粹靠揉麵糰就提升了近二千億韓元，都要歸功於最基本的體力。

許武漢專務

從往十里時期開始，他就是徐雲海社長的最佳拍檔，也是一起創建甜滋滋製果的同志。人真的很好，但真的沒有能力。

常務：劉難熙，李企芬，韓城質，權泰基……

部長：全盛期，李繁萬，趙龍漢，張紹里，李大路……

課長：崔高照，夏小娟，羅原來，裴秀珍，鄭華秀……

代理：申娜拉，嚴言娥，閔基迪，高民中……

社員：南依德，吳妍熙，河智萬，具汝云……

甜滋滋製果 組織圖

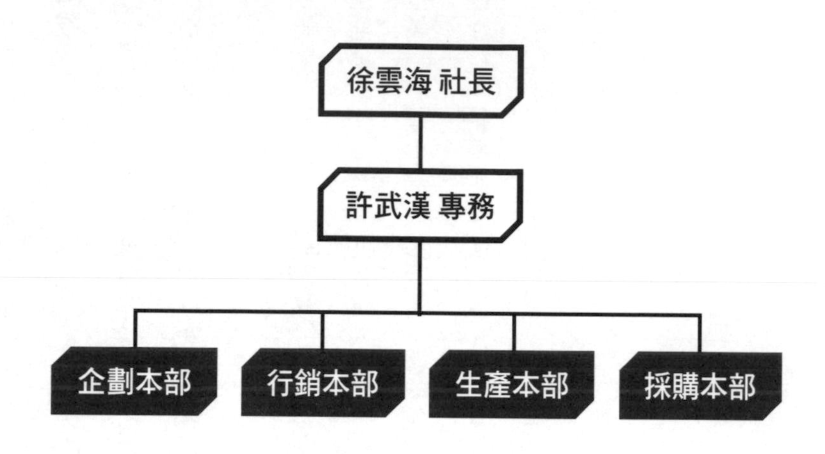

	企劃本部	行銷本部	生產本部	採購本部
常務	劉難熙	李企芬	韓城質	權泰基
部長	全盛期	李繁萬 趙龍萬	張紹里	李大路
課長	崔高照 夏小娟	羅原來	裴秀珍	鄭華秀
代理	申娜拉	嚴言娥	閔基迪	高民中
社員	南依德	吳妍熙	河智萬	具汝云

＊譯註：本書中的人物名字，韓文發音某些名字聽來有雙關的意味，以下列出供讀者參考。

徐雲海（서운해音同　遺憾）
許武漢（허무한音同　虛無飄緲的）
劉難熙（유난희音似　非常）
李企芬（이기분音同　這心情或這氣氛）
韓城質（한성질誠質音同　脾氣）
權泰基（권태기音同　倦怠期）
全盛期（전성기音同　全盛期）
李繁萬（이번만音同　這一次就好）
趙龍漢（조용한音同　安靜的）
張紹里（장소리音似　嘮叨）
李大路（이대로音同　就這樣）
崔高照（최고조音同　最高潮）
夏小娟（하소연音同　訴苦）

羅原來（나원래音同　我原來）
裴秀珍（배수진音同　背水一戰）
鄭華秀（정화수音同　淨化水）
申娜拉（신나라音似　開心高興）
嚴言娥（엄언아音似　嚴厲的言詞）
閔基迪（민기적基迪音同　奇蹟）
高民中（고민중音同　苦悶中）
南依德（남의덕音同　託別人的福）
吳妍熙（우연희音似　偶然）
河智萬（하지만音同　雖然如此）
具汝云（구여운音似　可愛的）

Chapter 1

我們一生都在博弈，輸贏的關鍵在選擇！

Round

01

啊！該怎麼辦？

納許均衡

納許的偉大，

就是在數學上證明了在所有非合作賽局的情況下，

都存在一個穩定的平衡點，

這就是「納許均衡」。

夏小娟課長的賽局

在甜滋滋製果工作了七年的夏小娟課長，目前正認真考慮要離職，不是因為工作的關係。雖然剛進公司的時候講話一直結結巴巴的連話都說不清楚，但現在她已經是企劃本部裡人人皆知的王牌了，得到很多上級的讚美，也獲得相當多的獎金。但好像到此為止了，現在她想離職了。雖然別人可能會說她「人在福中不知福」、「不要就算了」這類的話，但她就是看每個人都不順眼，還能怎麼辦呢？只想不顧一切辭職，躲到哪裡都好。

我最討厭的就是直屬上司全盛期部長。在公司大家都叫他太監，就是歷史劇裡那種奸詐又殘忍的宦官。對下屬亂罵亂發脾氣，但是在高層面前，又馬上變得乖巧、唯唯諾諾的，從連聲音都變得嬌滴滴的樣子看來，還真的是與生俱來的本領。

更令人心寒的就是這些高層們。就算明明看到像宦官一樣的全盛期部長作奸犯科也坐視不顧。在高層們的眼中，全部長簡直就像一頭受傷的花鹿。

同期入社的羅原來課長也不容小覷。這傢伙常常在背後捅人！尤其當他一邊搖著尾巴、一邊裝熟，提議一起去吃午餐、一起去吃炸雞加啤酒的時候最危險。他得到他需要的東西之後，馬上翻臉不認人。在這傢伙眼中，周圍的人就像他的獵物一樣。不知道為什麼這世界上就只分成這兩種人？被啃光骨頭的人和把人家骨頭啃得乾乾淨淨的人。雖然我已經下定決心不會再被騙第二次，但每次還是會因為那微不足道的人情，或者是說因為面子問題，一次又一次的遭遇這種事。現在我心中的怒火終於爆發！

說來還真是有樣學樣！連去年才進公司的南依德社員也不遑多讓。這傢伙已經不能說是奇怪了，甚至到了讓我感到噁心的地步。雖然我的職級比他高很多，但年紀只有差兩歲而已。不知道是不是因為這樣，一開始兩人的氣勢不相上下。在會議時要是和他面對面，看他笑得很開心的樣子，心情就很糟。有一天我終於狠狠地罵他一頓，說「你是從哪裡爬上來的啊？」，但是也只有那次而已。

為什麼這間公司從上到下，身邊都只有這種人？是我倒楣嗎？不然還是我做錯了什麼？別人看起來都過得很開心，只有我不適應嗎？換了別家公司會比較好嗎？我要是草率地換了公司，遇到更可怕的討厭鬼怎麼辦？

天才在酒吧裡看到了什麼？

電影《美麗境界（*A Beautiful Mind*）》是以一九四〇年代聚集全世界最優秀的天才們的普林斯頓大學研究所作為舞台，出生於美國西維吉尼亞州的約翰·納許（羅素·克洛飾）是公認的數學天才。他就是那種天才的典型，過份內向和木訥、近乎傲慢、只相信自己的傳奇人物。不把課堂上制式的教學內容當作一回事，反而把宿舍的玻璃窗當作筆記本，建構出足以詮釋人世間道理的「均衡理論」。

某一天他和同學在學校附近的酒吧，正在找金髮美女的朋友慫恿他展開追求，在這過程中激發了他的靈感，使他想出一個突破性的「均衡理論」。於是他將之延伸發展，在一九四九年發表了一篇二十七頁的論文，一夕之間成為學術界的巨星。到底納許在酒吧裡看到什麼呢？

如果所有男人同時向金髮女神提出約會的話，只有一位會屏雀中選。那些沒有被選中的男人們，沒魚蝦也好，只能退而求其次，轉向相貌平凡的其他女人們。但是忽然被當成蝦，傷了自尊心的女人絕對不甘心敞開心房，結果演變成除了女神這組情侶檔之外，剩下其他男人和女人都找不到另一半的悲劇。這正是納許預見的配對遊戲中的均衡狀態。

這樣說來，分析電影中角色的意圖和行動，以及最終導致的最糟情況時，那麼最佳選擇是什麼呢？納許的處方總歸一句話，就是要他們各自「了解自己的處境」。所有的男人從一開始就不應該貪圖金髮女神，應該要去約適合自己水平的普通女人。還有，如果女人們敞開心房接受這些男人的追求，那麼她們就能擺脫最糟的情況，達到一種新的均衡。

總而言之，賽局理論就是找尋均衡的一門學問。在多個個人和組織競爭中，將各自利益最大化的情況下，預測最終結果，就是納許的目的。納許的偉大，就是在數學上證明了在所有非合作賽局的情況下，都存在一個穩定的平衡點，這就是「納許均衡（Nash Equilibrium）」。在納許均衡中，沒有一個參與者願意擺脫當前的平衡，就好像自然生態系統保持平衡一樣。

如同在酒吧裡環顧金髮女神的心理戰，除了這種一般日常生活中常見的賽局，歷史上的著名事件中也可以看到賽局理論。讓我們來看一個實際案例。一九六一年入侵豬玀灣（Bay of Pigs）是美國歷代對外政策最糟糕的一個失敗案例，派遣一千四百名古巴流亡份子組成的特種部隊登陸豬玀灣，計畫一舉推翻卡斯楚政權。除非是電影《第一滴血》的藍波，不然這個漏洞百出的計劃根本沒有成功的可能。就跟預料中的完全一樣，一百多名軍人遭到射殺，其餘全部被俘虜。當時自豪擁有最聰明頭腦的甘迺迪軍事參謀團，到底是如何想出這種令人髮指的計畫呢？理由很明顯，這是因為美國在與古巴政府對峙時，沒有考慮到對方的戰略，就單方面展開攻擊。

以納許的均衡概念作為基礎的賽局理論，不只在經濟學上，它同時也被廣泛地活用在政治學、經營學、社會學、心理學、人類學等等各種領域。特別是對於分析過去冷戰時代美蘇之間致命的核武戰爭各國採取的戰略，也有很大的貢獻。

納許在一九九四年和其他兩位賽局理論學者約翰·海薩尼、萊因哈德·澤爾騰共同獲得了諾貝爾經濟學獎。之後，在一九九六年、二〇〇五年、二〇〇七和二〇一四年，諾貝爾經濟學獎也頒給了賽局理論學者。

找尋對我最有利的均衡點

賽局理論中的預期平衡，並不一定能保證所有人都在幸福的最佳（Optimum）狀態。A公司和B公司正在競爭，某一天A公司為了搶B公司的顧客和提高市佔率，以迅雷不及掩耳的速度降價。發現這件事的B公司也沒有坐以待斃，馬上把價格降到比A公司還低。雖然為時已晚，但在騎虎難下的情況下，A公司又再次調降價格……兩家公司自認為在每個瞬間都做出了合理的決定，但以結果論來看，卻因為誰都不願意達成平衡，以致最後讓價格跌到成本價的水準。在實際商場上常見的浴血競爭或鬥雞比賽等等，全都會導向價格戰爭的最終平衡。

因此，站在企業的立場，有必要努力找出對自己最有利的均衡點，預測對方將採用何種策略，並摸索出最佳對應方案是最基本的。

至於自己將向對方採取什麼樣的策略，發送明示或暗示的信號給對方，或是透過平時的情報系統，都可以對對方的策略選擇帶來影響。（如果你平常就給人一種狠毒硬漢的印象，或是讓自己沒有退路的話，誰還敢隨便對待你呢？）

企業經營的環境將持續發生變化。特別是像最近在面臨當前危機的情況下，要趕上變化的幅度、方向以及速度是很困難的。如果借用越南獨立英雄武元甲將軍說過的話，競爭對手可以在意想不到的時間和地點、以意想不到的方式進行攻擊。這種情況可能對企業構成威脅，但也可以看作是一個新的轉機。競爭對手在舉棋不定的時候，你必須要沉穩冷靜地預測，想出未來將會發生的全新的均衡腳本，準備並安排最佳策略選項，以便達到對自己最有利的平衡點。

換了公司，競賽也不會結束

「啊！我該怎麼辦呢？」夏小娟課長的煩惱是可以理解的。但是這不是換公司就可以解決的問題，除非你永遠不再工作。如果那麼輕易屈服的話，當初就沒有理由那麼辛苦擠進公司了。不喜歡鞠躬磕頭所以要離職？太骯髒了不想面對所以要離職？這都只是將自我合理化而已。進公司以後所受的苦讓她覺得就這樣離開很可惜，所以不管用什麼方法都要在甜滋滋製果公司裡分出勝負。

如果換到其他公司上班，你期待會有像父親一樣慈祥的上司、像兄弟一樣親切的同事、像親弟弟親妹妹一樣順從的下屬在等你？趕快從夢裡清醒過來吧！我可以跟你保證，這種機率是零。你應該要有這樣的覺悟，不管去哪家公司、哪個組織，都會看到宦官們得勢的嘴臉，不如意時還會挨悶棍。那些沒有能力、自尊心又強、把晚輩當作棋盤上的小卒的前輩到處都是。

職場就是一場賽局。既然穿越重重困難擠進公司大門，踏進賽局世界的第一步，像個競賽選手一樣行動才是正確的。所有的人都是那樣活下來的。職場是各種個性的人和戲劇性故事糾纏在一起的地方，沒有衝突反而奇怪，所以應該要在吵雜喧鬧和一團亂當中找到自己的平衡。那就是賽局，那就是賽局的奧妙之處。

妳說妳想找一家沒有牛鬼蛇神的公司？好巧，我也正在找吔！

祝願納許教授一路好走，獲得永恆寧靜

《美麗境界》現實生活中的男主角約翰．納許教授生於一九二八年，從小就顯露出他的天才。一九四八年納許在卡內基技術學院（現為Carnegie Mellon University）取得數學碩士學位，之後轉到普林斯頓大學正式開始研究賽局理論。當時他在卡內基技術學院的指導教授，在他的普林斯頓大學推薦信上只寫了「這個學生是天才」一行字，這是眾所周知的軼事了。一九五〇年以「非合作賽局（Non-cooperative Games）」取得博士學位的納許，一九五一年開始在麻省理工學院（MIT）任教，一九五九年，以二十九歲如此年輕的年紀當上終身教授。

但在美國和前蘇聯的冷戰期間，納許投入美國政府探究敵情與破解密碼的工作，自此成為焦慮和強迫症的奴隸。最後因為被診斷出嚴重的精神分裂症，一九五九年被MIT勸退。從此之後，納許漂泊在歐洲與美國，一九六〇年回到普林斯頓重拾教鞭，之後反覆住院和出院，深受精神方面疾病之苦。

令人慶幸的是，一九五七年與納許結婚的艾莉西亞（Alicia）自始至終都守護在他身邊。《美麗境界》最後一幕，納許在諾貝爾獎頒獎典禮上對已經白髮蒼蒼的艾莉西亞獻上致謝詞，餘韻至今依然令人回味。

「我生命中最重要的發現是神秘而虔誠的愛。而你就是我存在的所有原因。」

二〇一五年五月二十四日，約翰．納許教授和艾莉西亞在搭計程車回家途中遭遇車禍，與深愛的妻子雙雙離開人世。電影裡飾演約翰．納許的羅素．克洛在推特上發文，寫下「美麗境界，美麗心靈（Beautiful minds, beautiful hearts.）」。祝願逝者一路好走，獲得永恆的寧靜。

Round

02

搞不清楚，真的！

優勢策略

絕對優勢策略隨時需要變化。

然而，在職場中，

即使周邊環境已經改變，

且競爭對手的戰略已產生了變化，

也不難看到「絕對」信奉他們所選策略的人。

策略的絕對優勢在於掌握資訊。

閔基迪代理的賽局

進公司四年的閔基迪代理，向來都把「察言觀色才有飯吃」當作這輩子的座右銘。托這個座右銘的福，軍中生活過得很輕鬆，重新回到校園復學後，因為懂得投其所好，所以跟學弟妹們都相處融洽。在公司當然也沒有什麼不同，當他還是新人時，中規中矩地照三餐向學長姊請安，備受寵愛。但是最近不知道是感覺變遲鈍了，還是頭腦變笨了？察言觀色的感應器完全起不了作用。老實說，他不知道公司到底想要什麼？每個上司想法都不同，他不知道到底應該按什麼樣的節奏起舞？這完全令人困惑。

上週在腦力激盪會議裡發生了一件事。因為我是年輕員工，上面讓我提出一些新穎的想法，所以我就說了平常想到的點子。「最近，服務化是潮流趨勢。業績蒸蒸日上的先進企業也站在企業創新的角度，為了讓現有產品銷售更加成長，正在試圖提出更多樣化的服務。如果我們甜滋滋製果不要像現在一樣只賣產品，也來開家餐廳，直接提供服務給消費者如何呢？」把想要吃的蛋糕一點一點地放進托盤，然後喝著咖啡或飲料，這是多棒的一件事啊！這樣可以宣傳產品、試吃新產品，還可以為餐廳帶來收入。

我認為即使沒有得到很大的讚美，至少會被誇獎這主意聽起來不錯。但是出乎意料的是，韓城質常務竟然大發雷霆說：「甜滋滋製果是怎麼樣的公司？難道要做得跟村落的小吃店一樣嗎？」我已經告訴他這跟辣炒年糕店不一樣，他說有什麼不同？愈吵愈嚴重！幹嘛這樣啊？對我提出的意見不滿意就算了，為什麼要吵得口沫橫飛啊？當初一起進公司的嚴言娥代理、公司內的精神導師裴秀珍課長要是能幫我一下該有多好？不過常務要是發瘋的話，大家也是會裝聾作啞。

人際關係也令人感到困惑。上次好不容易舉辦了部門聚餐，叫我們部門老么訂自己想吃的料理，考慮了一下就點了炸醬麵。職場上本來就是這樣，不是有那種「新進員工的五萬種智慧」之類的書嗎？不會察言觀色，點很貴的料理等於是自掘墳墓。但不知道是書的內容有錯還是老闆們很奇怪？他們竟然非常不滿意，指責我們新人就要有新人的樣子，現在已經開始動歪腦筋了，以後如何做大事？大事？什麼大事？我決定從下次開始點菜要點魚翅或佛跳牆。

喝酒也不是那麼簡單的事。如果喝太多喝醉的話，就會被說缺乏責任感，如果不喝到最後的話，又被說成是團隊意識太差。你說喝酒也是一種競爭力？又不是酒常務叫我們喝的，講什麼競爭力啊？還有一件事，私底下的聚會也是不道德的溫床，社長不是一天到晚在說「學緣」和「地緣」是公敵嗎？所以到目前為止這種私底下的聚會我都沒參加過。結果某一天，一個自稱是我高中大兩屆、連名字都不知道的學長打電話來，叫我不要用「那種方式」生活。

他說要我等著瞧，看看我不把學長放在眼裡能混得多好？職場生活真是困難啊！以後還有三十年要過，要是像這樣下去，連三年都撐不了了。

沒有什麼好辦法可以順利度過職場生活嗎？這種情況要這樣做，那種情況要那樣做，如果有這種指南或教科書的話，我就算是熬夜也會欣然背誦。這一切都要歸咎於我們國家教育制度亂七八糟才會變這樣，因為學校一次都沒有教過我們職場是如此黑暗。

職場處世的法則是什麼？

要是在一個任何人都不會說謊的完美並純真的世界，只有你一個人可以說謊的話，會怎樣呢？這是一種不管是誰、至少會夢想過一次的刺激想像。電影《謊言的誕生（*The Invention of Lying*）》正是從這種放肆的想像中出發。馬克．貝利森（瑞吉．葛文飾）是一個活在（還）不知謊言為何物的社會中的編劇，有一天他被任職的電影公司解雇，雪上加霜的是，還被單戀的安娜（珍妮佛．嘉納飾）拋棄。因為是沒有謊言的世界，他還必須從社長那裡聽到被解雇的理由（無能），以及從安娜那裡聽到被拋棄的理由（長相醜陋）。

一夕之間變成人生失敗者的馬克，為了繳交積欠的房租，去銀行想要領出最後一毛錢，偶然遇到他人生的一大轉機。由於銀行的系統暫時當機，所以無法在線上確認餘額。失魂落魄的馬克來到銀行櫃台提領帳戶僅存的三百元，當銀行行員詢問馬克要提領的金額，馬克脫口而出說八百元。（第一次踏出說謊第一步的馬克，表情和演技真是精湛。）雖然銀行系統馬上就恢復正常，顯示帳戶餘額只有三百元，（這時候馬克的表情看起來就快哭出來了！）但不知道謊言為何物的銀行行員，判定是電腦系統出了問題，二話不說立刻支付了八百元給馬克。哇！

發現謊言驚人威力的馬克，從此之後一帆風順暢行無阻。他去賭場靠很明顯的謊言就賺了大錢，把非事實的虛構內容寫成劇本，成功地成為編劇。（這樣看來，最近的小說家全部都是說謊精！）甚至對那些對生活厭倦、瀕臨死亡的人，馬克出自善意的謊言也為他們帶來意想不到的希望與安息。

當每個人都只能說真話，只有我能說謊話的時候，我就可以隨便說出最大的謊言，將利益最大化，就是正確解答。（想想看，自從人類出現以來，借用神的權勢能力和意識型態作為藉口，胡亂說了多少謊言？）以賽局理論來說，謊言絕對是優勢策略（Dominant strategy），無論對方的行動如何，它始終是我能取勝的最佳理性選擇。

當然，因為這是一部電影，可以根據需要設定規則。但這個處處都令人覺得荒謬的想像世界，其實某些地方跟現實看起來很像。職場生活無論什麼時候都很混亂，左右衝突接連不斷。這樣看來，許多上班族都依賴處事法則或是行動聖經，他們就像在電影裡的角色一樣，在尋找絕對優勢策略。因此我不得不佩服職場上常見的鬥雞、唯命是從的濫好人（Yes-man）、喋喋不休讓人受不了的人，因為他們都找到了自己的絕對優勢策略。

但是有一點要注意。絕對優勢策略隨時需要變化。舉電影的例子來說，到目前為止世界上只有我一個人能夠說謊，但如果從某一瞬間開始對方也懂得一點點說謊技巧的話，會變成怎樣呢？那麼一來，我那些明顯的謊言再也無法被接受，當然應該尋求策略上的變化。無論是編造一個超越對方謊言的超級謊言，或是先假裝被對方騙，最後再找機會戳破，從背後捅他一刀。要是這個、那個方法都行不通的話，就採用逆向操作方式，以真實來對應吧！然而，在職場中，即使周邊環境已經改變，且競爭對手的戰略已產生了變化，也不難看到「絕對」信奉他們所選的策略的人。策略的絕對優勢在於掌握資訊。

局勢變，策略也跟著變

企業也是如此。就像《追求卓越（*In Search of Excellence*）》的作者湯姆．彼得斯（Tom Peters），或者是《從A到A+（*Good to Great*）》的作者詹姆．柯林斯（Jim Collins）在書中指出的一樣，成功企業會沒落的最大原因，是因為自我陶醉在以為一時成功會永遠延續的公式裡。最早開發出商業用數位相機，卻無法拋棄傳統膠卷事業的柯達（二〇一二年破產），以及開拓了所謂移動通訊新天地，卻跟不上數位化與智慧化速度的摩托羅拉（二〇一一年被google併購），都是無視時代變化，執著於一時絕對優勢策略的案例。

一百五十幾年前，美國詩人拉爾夫．沃爾多．愛默生（Ralph Waldo Emerson）曾說過「如果你能發明更好的捕鼠器，世人便會踏破門檻來找你！」這樣的話，來強調產品功能的重要性。但真的是這樣嗎？（當時在美國有很多跟捕鼠器有關的企業，光是捕鼠器，在美國專利局登錄的專利就有四千四百件！）捕鼠器製造商為了開發出更創新的捕鼠器而拚個你死我活，但消費者卻無動於衷。只要能抓到老鼠就好了，管它材質是木頭還是金屬或塑膠都沒關係。活捉也行，弄死了再抓也行。你認為的絕對優勢策略，很多情況下，在別人眼中看來都是荒唐、沒有根據的。

走在前端的技術開發正是如此。擁有數一數二技術力的企業們，常常會對水面下逐漸浮出的破壞性革新感到束手無策。美國哈佛大學教授克里斯汀生（Clayton Christensen）在《創新者的兩難（*Innovator's dilemma*）》一書中指出：如果歌利亞（Goliath）還活著，他可能會埋怨「我不知道那小子（大衛）會那樣出現啊！」，但後悔也來不及了。如果我們只在現有技術範圍內持續創新（Sustaining innovation），我們將對新的範疇後知後覺。

到頭來，只有靈活適應動態變化才是正確答案。也就是說，只有靈活性和適應能力才是絕對優勢策略。所有策略都有使用期限，無論策略在當前情勢下有多優越，為了因應市場和競爭形勢的變化，果敢地調整和升級是必要的。堪稱電腦界始祖的ＩＢＭ轉型成服務企業，以及開創尼龍新天地的杜邦變身為綜合科學公司，從這些例子都能讓我們了解絕對優勢的真正意義是什麼。

所以說職場是一場賽局，沒有固定的答案，你必須自己判斷當時的最佳戰略並做出相應的決定。你甚至必須要考慮到對方的立場和反應，因此這個判斷就更加困難了。不過值得慶幸的是，如果是在職場，無論你的對手做什麼，在任何情況下，你始終都能掌握絕對的「優勢策略」。

如果要你提出想法，盡可能提出嶄新的想法就對了，這就是你的長期絕對優勢策略。以結果來說，能夠得到對方的鼓掌稱讚當然很好，就算被指責，比起悶不吭聲、什麼都沒做，提出想法被否決還是較有利的做法。人際關係也是如此，如果自己判斷這是正確的，堅持不懈走下去就是絕對優勢策略。你要是一直在意別人的指責，就什麼事都做不了。

職場上有不幸的常務和幸福的課長，是理所當然的。職場賽局的成敗，並不是決定於身處哪個位子。乍看之下，懂得察言觀色、會拍馬屁的人似乎能受到肯定，但是始終如一、堅持下去的人才會贏得最後勝利。從長遠來看，對於社會和職場的要求都盡其本分，是最優越的絕對優勢策略。

前面不是說過絕對優勢策略應該要有動態變化嗎？高層換人或是工作職務改變的話，策略有必要跟著調整，但是，並不需要動搖「基本」，因為工作的心態和職場的態度「絕對」不能改變。

▼歌利亞是患者

在描述競爭的時候，不論是賽局理論或實際商業情況，經常會拿歌利亞和大衛的故事來比喻。但是如果看《聖經》，會發現歌利亞有一些不尋常的地方。首先，曾記載歌利亞為了要跟大衛決鬥，下去示非拉（Shephelah）峽谷的時候，抓住侍從的手慢慢走下去。一對一決鬥的時候也有點奇怪。明明一眼就可以看到大衛，他的衣著簡陋、武器粗糙，但歌利亞卻過了好一陣子才察覺大衛已經來到他眼前，甚至大衛手上拿著一根牧杖，歌利亞卻看成好幾根。

根據最近的研究，推測歌利亞應患有肢端肥大症（Acromegaly），是一種巨人常見的疾病。肢端肥大症是腦下垂體的良性腫瘤，使生長激素分泌過多而引發的疾病，腫瘤長大壓迫到視神經，會誘發嚴重的近視或亂視等各種症狀。所以歌利亞才需要拉著侍從慢慢走，連大衛靠近了也不知道，甚至把一根杖看成好幾根。歌利亞不是強者，而是患者。

Seafood，請告訴我們您的絕對優勢策略是什麼？

Round

03

激烈的察言觀色戰

對於可能的選項，
先確定機率再隨之行動才是最適當的。
賽局理論裡把這個叫做混合策略。

混合策略

高民中代理的賽局

上班的時候，高民中代理瞟了一下李大路部長的臉色。沒有人會教你職場生存的必殺技，就是對上司的「察言觀色（Face reading）」。這看起來似乎很容易，但它需要高度的熟練來提高命中率。只看面部表情是比較低階的，從領帶寬鬆的程度、頭部傾斜弧度、嘴角上揚或下垂角度、還有甚至連坐著的姿勢都必須細膩地觀察。以多方位的觀察數據為基礎，做出最適合當時狀況、合乎禮儀的言辭和行動，這就是被認可為一個有能力的代理，急速升遷到課長職位的秘訣。

啊！但是今天李大路部長讓人有點摸不著頭緒。眼睛用力撐得大大的，咬緊牙關的樣子，乍看之下好像是在強忍住睡意，靜下來仔細看，更像是在忍住心中的怒火。看他像烏龜一樣伸長脖子看著電腦螢幕，並不像是一種很愉快的心情。從他用力敲著一個一個鍵盤的樣子看來，似乎想藉此來壓抑不安的身體節奏。啊！這樣看來一定沒錯，就是以下三種可能性之一。

第一種可能性是宿醉。聽說昨天下午幹部會議結束後，社長主持了聚餐。很明顯地，總是在飲酒場合奪冠的李大路部長，以他的個性應該是喝了很多深水炸彈。這種時候，如果迅速走近他身邊說：「天啊！您好像喝多了！」無疑就跟說「我想被痛罵一頓」這樣的話沒有什麼不同。很明顯的，現在部長一邊舒緩宿醉，一邊後悔自己的魯莽，公然亂捅他一點好處都沒有。應該要不經意地跟他說：「您有沒有去過前面一家新開幕的豆芽湯飯館？超好吃的。」

第二種可能性是被社長大聲咆哮。可能一大早跟社長報告事情的時候出了什麼差錯。徐雲海社長平常就像南山谷的書生一樣安安靜靜，但是當他收到報告時，態度會一百八十度大轉變。如果報告中出現令他不是很滿意的部份，他會漸漸開始惱怒。不論聽了什麼說明還是無法理解的話，「他媽的」之類的話就會脫口而出。接下來就自己想像吧！看部長用力打字像是要把鍵盤敲碎的樣子，也不能忽視他被社長大聲咆哮的可能性。這種時候沒有別的方法，必須表現出瘋狂工作的樣子，然後在某個地方打電話給其他部門，並說「現在我知道公司的情況是什麼，我應該要說幾句話」。如果你滿臉漲紅、眼睛充血，甚至暴青筋的話，更是錦上添花了。

第三種可能性是夫妻吵架。據說李部長的大兒子是高三學生，因此最近他連一天都無法安靜度過。尤其部長夫人對教育的狂熱和精英意識是國內最強烈的，完完全全抓著孩子不放。不久前我還看到李大路部長跟夫人通完電話後，一整個虛弱無力、渾身發抖的樣子。啊，難怪現在李部長的瞳孔放大、眼神空洞，好像失去了焦點。這種時候要採取的方法只有一種，就是裝死。不要閒晃，也盡可能不要跟他四目交接。應該要讓他感覺世界上只剩下部長、部長夫人和高三的兒子存在，其他人都滅種或離開地球了。

現在，做出決斷的時刻即將到來，必須要確定立場，並且迅速行動。

三者之一，反正就是機率遊戲。對於三種可能性，我分別賦予百分之二十、三十及五十的機率。為了以防萬一，我會嘗試再多觀察五分鐘，修改機率並下定決心採取最終措施。

• 如果想在PK戰獲勝的話

四年一度的世界盃足球賽，在某些人的記憶中是虛脫，有些人是憤怒，有些人則是光榮。在世足賽期間能暫時讓頭腦冷靜的最佳電影，無庸置疑就是《疾風禁區（Goal!）》了。電影主角桑提亞哥・紐尼斯（庫諾・貝克飾）十歲的時候從墨西哥非法偷渡到美國，當他穿越美國國境時，手中只有兩樣東西，足球和一張老舊的世足賽照片。這表示他對足球擁有與眾不同的熱情。在洛杉磯落腳後，雖然他這樣一個貧窮移民連吃飯生活都很艱辛，但還是一有空就練習踢足球，培養實力。

有一天幸運之神找上門了。曾經是職業足球選手，後來因為負傷引退的格連・佛依（史帝芬・狄蘭飾）無意中看到桑提亞哥在踢球。在他的幫助之下，桑提亞哥得到了英格蘭超級聯賽的紐卡索聯隊試踢的機會。因為父親的反對，祖母偷偷準備了一些錢，好不容易買了機票讓他到英國。然而，由於對於進球得分有太大的慾望，加上被隊友欺凌，桑提亞哥進入球隊後第一次上場就表現得一踢糊塗……

雖然大家對後續劇情可能會很好奇，但電影話題就到此為止，讓我們來聊聊足球。足球比賽最刺激的就是ＰＫ戰。如果經過上下半場九十分鐘和延長賽三十分鐘之後，還不能分出勝負的話，各隊就會派出五名球員和守門員做一對一的ＰＫ戰分出勝負。球員和守門員都心急如焚。事實上ＰＫ戰理論上就是踢球員要贏球的戰鬥。踢球的位置和球門間的距離是十一公尺，球離開踢球員的腳到達進球線的時間大約是零點四秒。然而守門員從看到球移動到飛身撲球所需的時間大約零點六秒。也就是說只要正常踢球的話，得分的成功率應該是百分之百才對。儘管如此，世界盃的ＰＫ戰成功率仍維持在百分之七十左右。

因為這是心理戰。競技場上充滿觀眾的歡呼和揶揄，同隊隊友和對方選手虎視眈眈的視線，以及來自全世界各地觀眾交錯的指令聲。成功的話就是英雄，失敗的話就是逆賊。不得不說，ＰＫ戰是「十一公尺的俄羅斯輪盤」。因此很多球員都盡可能踢滾地球，這完全是出於對於穿越球門橫樑的焦慮感。通常守門員會左右移動，因為如果他安靜站在中央的話，會被指責沒有誠意。結論是不管是踢球員還是守門員，都因為周圍的視線和害怕失敗的巨大壓力，最後偏離了最適合自己的行動。

那麼在ＰＫ戰中，最好採取什麼樣的戰略呢？隨著當時心情來決定踢球或是跳躍方向是很愚蠢的，反而是對於可能的選項，先確定機率再隨之行動才是最適當的。賽局理論裡把這個叫做混合策略（Mixed strategy）。（反之，在幾個選項當中只能挑一個來實行的戰略就叫做純粹策略（Pure strategy）。」玩剪刀石頭布時，一直出一樣的人是笨蛋，隨便出的人是神智不清。大部分的人會隨著對方是誰？對方的戰略如何？來思考要出剪刀石頭布的比率。這就是採取混合策略。

職業足球聯賽選手們在ＰＫ戰的時候，可以證實他們默默地採取了混合策略。分析三百多場歐洲職業足球選手ＰＫ戰的資料，會發現守門員跳躍的方向的比率：（以守門員那邊來看）左邊、中間、右邊各是百分之四十九、百分之六，以及百分之四十五。踢球員射門的方向（以踢球員那邊來看）：左邊、中間、右邊各是百分之三十九、百分之二十九、百分之三十二。以這樣的結果來看，最後射門成功的機率大約是百分之八十五，遠比世界盃競賽更高。從這點可以看出，在心理壓力下，按事先計算好的機率採取混合策略來應戰，遠比即興射門來得有利。

趁其不備，攻其不意

職場也是一樣。有個叫做「小狗不會玩牌」的笑話，怎麼說呢？因為小狗拿到好牌的話就會搖尾巴。如果你不想在職場上每天都會做的決策中被視為小狗的話，擺出一張不動聲色的撲克臉是必要的。為了做到這點，不要死腦筋只朝一個方向行動，應該要靈活一點，有時候強力推進，有時候溫順地後退。也就是先準備好幾種混合戰略提高精密度，降低對方能預測你的行動的準確度，為自己帶來有利的結果。

企業也是如此。像造船、化工、發電廠這種生死取決於海外訂單的產業，最近業績陷入空前低潮。雖然是老話重提，但主要原因就是削價競爭。接了訂單之後，幾年之內粉身碎骨鞠躬盡瘁拚了老命交差，結果什麼都沒留下。當然海外接單的業績可以做為下次接單的參考，所以有的時候低價接單、虧本接單也是必要的戰略。但是韓國企業之間接二連三都採取同一個模式，是有問題的。此外，中國企業也用相同的策略，因此有必要改變戰術，隨著當時狀況，透過價格、品質、相關產業、經營權等媒介採取混合策略。

心情好就咯咯地笑，心情不好就怒吼，那是舊石器時代的原始人。如果是生在二十一世紀的上班族，應該要比原始人更進化不是嗎？因此在職場上必須要有一千張面孔，有時候即使心情鬱悶也要微笑，就算心裡開心得不得了也得做出苦澀的表情。（如果常常憂鬱的時候笑，快樂時面帶苦澀，就是瘋子了！）

職場上每天都會發生各式各樣意料中的狀況，也會忽然有一些出乎意料的罕見狀況。為了適應這些變化，應對的策略和行動必須彈性修改，這時候就需要混合戰略。就像玩剪刀石頭布的時候一樣，要按照機率來行動。鬥雞偶爾也必須流淚給人家看，家兔有時也需要露齒咆哮，這樣才能提高你的不可預測性，誘導對方鬆懈和誤判。也就是在對方沒察覺的情況下，讓他措手不及，這就是混合策略的奧妙之處。

將上司的行動分成好幾種模式，甚至賦予機率的高民中代理，無疑是混合策略的達人。但是他是否取得晉升課長的高速列車的車票了呢？這又是另一個故事了。

▼PK戰最強國，德國

二〇一四年巴西世界盃球足球賽的優勝國是德國。德國可以說是PK戰最強的國家。德國在一九八二年西班牙（準決賽）、一九八六年墨西哥（八強賽）、一九九〇年義大利（八強賽）以及二〇〇六年德國（八強賽）的世界盃當中，每一場PK戰都獲勝！在總共十八次PK戰當中，竟然成功踢進十七次，十分驚人！

德國成功完成東西德統一的偉業、擁有數百家隱形冠軍企業，還扮演歐盟中心角色，甚至連PK戰都超強，德國真的是一個諸多地方都值得我們學習的國家。

Round

04

選錯就完了！

三人以上的賽局，你不該單憑直覺，
應該要視情況仔細考慮各種戰術，
決定最佳行動。

三人賽局

鄭華秀課長的賽局

李企芬常務把鄭華秀、崔高照、裴秀珍課長一次全部叫來。從把所有人集合在會議室的樣子看來，一定是要吩咐他們做什麼事。「社長下了緊急指示，要在下個月之前準備兩個企劃案。」果然不出所料，真有這麼一回事。幾個單詞就像匕首一樣，插在李常務短短的指示當中，「社長」（哎唷），「下個月」（驚～），「企劃案」（該死的），「兩個」（……）。

人們說話時，看著面對面的人的表情來調整說話方式是基本禮儀，然而李常務似乎沒有把在他面前露出不愉快表情的課長們當作是人。他用天真並溫和的聲音說了恐怖的話：「兩個企劃案中，有一個是明年要推動的新事業策略，另一個是社會責任貢獻策略。你們三個人同心協力創造出好的作品吧！」

聽到常務這些話的瞬間，鄭華秀課長馬上下定決心要把這工作推給比他晚進公司的崔高照和裴秀珍。把這樣的好機會讓給自以為是的後輩，不就是身為前輩做人的道理嗎？還有，如果讓兩個人一人負責一項任務的話，就沒什麼好爭辯了。然而李常務站起來時又補充了最後一句話，讓人思緒變得更複雜了。「啊！我剛剛忘了說一件事，這次年底定期人事考核時，部長配額（T/O）只有一個，先告訴你們讓你們參考。」不知道從哪裡傳來咚咚咚的鼓聲？好像聽到心臟撲通撲通跳的聲音，令人心生恐懼。

回到位子的鄭華秀課長，揪著頭髮開始擬定作戰計畫。李常務的意思已經很明顯了，這次機會是通往晉升部長最後一班列車的車票，這是無庸置疑的。要是這次又失敗，不知道這一生是不是就只能繼續當課長了。就算是會粉身碎骨，不管用什麼手段都要拿出殺手鐧。然而我無法判斷兩個企劃案當中應該選哪個才好？選新事業如何呢？原因說不上來，但好像不是很好。那麼社會貢獻呢？哎呀！社會貢獻要是平白無故犯了錯，會有被輿論或社會團體批判到體無完膚的風險。

這下完全陷入混亂了！兩個企劃案當中不論如何一定要選一個啊！讓我靜下心來想想看。但是，崔課長和裴課長這些傢伙現在正在想什麼呢？

三人賽局的奧秘

要是只有兩個的話就簡單多了，但如果有三個以上就會令人混淆。方程式也是，如果只有X和Y，還能忍受。但如果加上Z的話，就會讓人喘不過氣來。若是從1到n的話，就更束手無策了！賽局理論也是如此。一般來說都是雙方競賽，運動是典型的代表例子。你有看過三個人以上同時比賽拳擊或跆拳道嗎？那不是運動，而是狗打群架。但是政治、社會、經濟等領域的選手就不侷限只有兩位，參與（？）北韓核武議題的選手們就有南韓、北韓、美國、中國、日本、俄羅斯等很多國家。商務往來也是這樣，無數的公司為了贏得合約以及動搖消費者的心，投入了跨越國境的競賽。

我想跟大家介紹一部很久之前的電影，是我這個年齡層的人透過「周末的電影」這個節目看十遍都值得的電影。一頂破舊的牛仔帽、滿是灰塵的斗篷、嘴巴咬著粗雪茄憂愁的表情。是的，就是這部電影《黃昏三鏢客（*The good, the Bad and the Ugly*）》讓克林．伊斯威特（Clint Eastwood）成為西方電影的代名詞。寬闊螢幕上出現的西部時代場景，搭配顏尼歐．莫利克奈（Ennio Morricone）作曲，以傳統管弦樂混合電子吉他演奏的悲壯主題曲，整部電影宛如一幅巨大的風景畫。這部電影從一九六六年上映以來，至今已過了五十幾年，現在再看也完全不覺得俗氣，可說是電影史上的傳奇。

一八六〇年代，美國正值南北戰爭如火如荼進行的期間，好傢伙（The good）金髮仔（克林．伊斯威特飾）與墨西哥懸賞通緝犯的怪傢伙

（The ugly）圖科（依萊・沃洛克飾）合夥。金髮仔先是把圖科抓起來交給保安官，獲得二千元懸賞金。而圖科卻連判決都沒有就直接被送上絞刑台了。然而正當圖科要被絞刑時，不知道從哪裡傳來槍聲，圖科脖子上的繩索被射斷了！悠哉逃脫的圖科和金髮仔兩人平分了懸賞金。只要金髮仔的射擊技巧沒有荒廢的話，他是一個很不錯的、可以同盟的寇盜（典型的自導自演、詐領保險金的詐欺犯）。

有一天金髮仔和圖科聽到南部聯盟的軍用資金二十萬美金埋在某一處公墓的消息，就出去尋寶了。這時候有著一雙像毒蛇般駭人眼神的壞傢伙（The bad）天使眼（李・范・克里夫飾）出現在他們面前。這時電影裡三個人當中誰能佔有寶物的賽局開始了。費盡千辛萬苦抵達公墓的三個人，在陽光灼熱的大地上展開了最後的決鬥。充滿臨場感的背景音樂響起，電影特寫鏡頭是三個槍手灼熱的目光。

令人回憶的電影先暫時告一段落，讓我們回到賽局理論。有這麼一個說法：三個德國人聚在一起就會發動戰爭，三個法國人聚在一起就會引發革命，那麼如果是三個韓國人聚在一起呢？大概會引起紛爭，互相爭著當會長吧？反正如果只有兩個人，就只是一對一的關係，三個人以上就會讓事情變得複雜，找尋賽局均衡的解答也會變得困難。

讓我們來看看賽局理論教課書裡經常出現的槍手博奕。有三位槍手A、B、C，他們的命中率各是百分之十、百分之五十、百分之百。為了增加公平性，給命中率最低的A先扣扳機的機會。那麼A先瞄準誰比較好呢？為了慢慢開始頭痛的讀者們，我們先來看看正確答案好了——A朝天空開槍就是解答。為什麼呢？就算A打偏了平白殺了B或C其中一位，接下來A的下場也是死（請記住B和C的命中率比A高的事實）。最好的可能是，讓大鯨魚（B和C）之間先決鬥，兩人當中有一個人死的話，A再出來給予一擊，就機率上來看是更有利的。像這樣三人以上的賽局，你不該單憑直覺，應該要視情況仔細考慮各種戰術，決定最佳行動。

三人賽局的另一項奧秘之處是，三個人當中的兩個人可以結成聯盟。這種情況下隨著誰與誰攜手合作？剩下的一個人要採取什麼樣的策略？隨著新局面的展開，預測賽局最終平衡就變得更加複雜。

賽局變複雜的話，策略也跟著變得複雜

企業通常有好幾個一起競爭的對手。這時一些公司強烈感受到聯合的需要，也就是價格壟斷的誘惑。問題是雖然價格壟斷能為這些公司帶來甜蜜的果實，但就國家而言，它擾亂了競爭環境並傷害了消費者。因此，各國政府為了反壟斷做了很多努力。從賽局理論的角度來看，讓企業自己放棄價格壟斷才是正確解答。寬恕（Leniency）政策便是其中一種方式。

寬恕政策是「價格壟斷自願認罪者責任減免制度」，也就是對第一個價格壟斷自行認罪的企業，罰金百分之百減免；而對第二個認罪者給予罰

金百分之五十減免的一種政策。這種政策有助於打破價格壟斷聯合者之間的信任，讓他們自己瓦解是最有效的。（認罪時的罰金與銷售額成比，所以透過價格壟斷獲利最多的企業，認罪減免的罰金也有限制）。

企業內部也有員工之間以學緣、地緣、職緣等原因而聯合起來。不管最初的初衷有多麼單純，公司內部的結黨都只注重在各自小圈圈（Inner circle）的利益，終究會為圈外的員工帶來意外的傷害。沒有人可以例外。看著某大學出身的人獨佔重要職位就會憤怒，但要是看到自己故鄉的前輩爬上高位，就會露出含蓄的微笑。雖然提高每個員工公平競爭的意識有其必要，但比起這個，更應該透過重新修改公司規定，訂定制度來阻止人為的勾結。如果在只有巴掌大小的韓國國土內都各自為政、搞小團體，那又如何與膚色不同、語言不同的外國人一起做全球性的經營呢？

如果不考慮結黨營私這樣的犯規行為，那麼賽局的參賽者人數愈多，策略的制定就更困難。這種時候有兩種方法。一種是將賽局最大單純化，再將參賽選手人數減少。就像世界盃足球賽一樣，先從各地預選，經由十六強、八強的方式將賽局單純化。以鄭華秀課長的情況來看，最好能夠先透過課長間的會議與代表選手們協調，製造一個冠冕堂皇的藉口讓三人當中的一個人棄權。

另一種方法是反過來利用賽局的複雜性。先讓其他參賽者像鬣狗一樣互相撕咬到精疲力盡，這時在一旁默默觀察的人就有機可趁了，這就是所謂的鷸蚌相爭漁翁得利！對於實力不足的鄭課長而言，不管用什麼辦法都應該要避開戰爭。例如散佈假消息說社長比較關心兩個企畫案中的哪一個，讓實力較好的其他兩個課長埋首於那個企畫案，然後鄭課長就像孤單的小花鹿一樣默默地進行另一個企畫案就可以了。

但是，萬一三個人都投入同一個企畫案呢？難保不會發生這種情況。要是在自信和優越感交織的火焰上，再適時倒入叫做「競爭」的汽油的話，這種令人不寒而慄的情況也經常可見。這是最糟糕的結果。在這種情況下，三個人當中有兩個人會嚐到敗北的滋味。特別是不論頭腦或是入社成績都輸給晚輩的鄭課長，應該絕對要避免這種情況。

職場是一場賽局。在賽局裡應該要找出最佳的解決方案。誰知道呢？賽局愈複雜，也可能會獲得更多意外的機會。有一件事是很明顯的，就是所有的參賽者全都揪著頭髮陷入煩惱，在原地轉圈圈。

來吧！現在回到電影的結局。西部時代沒有「義氣」這種東西，有的只剩下你死還是我活這種原始的問題。金髮仔預先把圖科手槍裡的子彈拿出來，接下來只要射殺天使眼一個人就可以了。沒有子彈的圖科不管射誰對大局都沒有影響。天使眼腦中一片混亂。賽局結果是金髮仔射殺了天使眼。決鬥結束後，金髮仔看著表情好像快要哭了、正在地上挖金幣的圖科，面無表情地說：「據說世界上有兩種人，帶著裝滿子彈的槍的人，和挖地的人。」在所謂西部開拓與南北戰爭的混亂時期，善惡的界限變得模糊。現在，我們活在一個動盪的時代，這就是我們對這部電影不會感到陌生的原因。三個人在公墓裡面對面決鬥的場面，成為電影史上最常被搞笑、模仿的場面之一。二〇〇八年韓國將《黃昏三鏢客》改編為《神偷、獵人、斷指客》（英文片名仍為*The Good, the Bad, and the Weird*）向該片致敬。

▼總統大選也是三人賽局

過去韓國的總統大選——一九八七年（盧泰愚、金泳三、金大中）、一九九二年（金泳三、金大中、鄭周永）、一九九七年（金大中、李會昌、李仁濟）、二〇〇七年（李明博、鄭東泳、李會昌）都是三位候選人較勁。但是二〇〇二年（盧武鉉、李會昌、鄭夢準）、二〇一二年（朴槿惠、文在寅、安哲秀）的選舉裡，盧武鉉－鄭夢準、文在寅－安哲秀候選人在最後關頭聯手合作。這樣一來，兩位候選人的選票混合在一起產生化學作用，也流失了一些認為不該合作的選票，對局勢的預測也變得更加困難（相對地觀戰的趣味也加倍）。美國總統大選也是如此。在中間選民較多的搖擺州（Swing state，威斯康辛、俄亥俄、佛羅里達、維吉尼亞等等），隨著傾向哪一方，將會有決定性的影響。

不是說好三個人玩嗎？另一個跑哪去了？

Round

05

我做錯了什麼？

對於相互之間的行動，
各自懷有一致的期待的關鍵，
也就是兩個人之間無意識的共同點，
在賽局理論裡被稱作聚焦點。

張紹里部長的賽局

張紹里部長正悄悄地思索責任會被追究到什麼程度，雖然不至於開除或是減薪，但至少會有訓誡、注意和警告。雖然比開除或減薪好一點，但注意和警告也非同小可。先不要說是罰得輕或重了，只要在資歷這欄出現一次紅字的話，近期之內就別想要升遷了。忽然眼前一片黑暗，腦中真空吸塵器開始嗡嗡作響。今天是甜滋滋製果創立以來最值得慶賀的日子，因為今天是與以百年歷史自豪的英國著名巧克力業者「超酷司」簽訂歷史性MOU(合作備忘錄)的日子。曾被英國女王授與某爵位的超酷司社長說要親自拜訪甜滋滋製果，這件事還真是史無前例。

而且今天對張紹里部長來說更是一個特別的日子，因為前幾天許武漢專務直接把張部長找來，要他負責準備合作備忘錄所有相關事宜。那時張部長差一點就把專務大人抱在懷裡，留下兩行眼淚。這不就是自己受到專務矚目的證據嗎？只要今天儀式順利結束的話，就跟預約升遷沒什麼兩樣了。幾個同期進公司、比較會察言觀色的傢伙們，已經開始起哄要求請客了。「哎呀，你們這些廢材！好啦！大哥我請客。」

就算犯一點像灰塵一樣小的錯誤都不行，這對人類來說真的是很困難的一件事。張部長這幾天幾乎每天都通宵熬夜，佈置會議室、準備簡報資料、祝賀布條、合作備忘錄簽名用的鋼筆、晚宴菜單和紅酒，包括對方相關人員飯店預約等等，全部都完美地準備好了。還不忘催促員工檢查看看有什麼遺漏的？甚至連彩排都做了！一切都很完美。現在剩下的事就是要配合飛機抵達時刻，去機場迎接超酷司社長一行人就可以了。而那也都已經安排好了，早早就把申娜拉代理派到機場。不管怎麼說，最近年輕一輩的英文總是比較好，加上申代理算是很漂亮的女人，對待外國客人更是和藹可親不是嗎？（絕對沒有跟申代理說因為她是女生才把這個任務交給她的。）

現在距離簽約儀式開始只剩十分鐘。徐雲海社長旗下的所有員工都在大會議室裡等候超酷司那邊的人。從徐雲海社長接連狂灌兩杯水的樣子看來，他好像相當著急。可是，怎麼會那麼晚呢？早就已經過了應該抵達的時間，會不會是飛機延誤了呢？張部長為了搞清楚狀況，正打算打電話給申代理的時候，視線範圍內出現了詭異的景象。

警衛室的吳班長帶著一位寒酸的老人，扭扭捏捏地來到會議室門口，張部長心想：「搞什麼啊？今天這麼重要的日子……」一邊瞪著老人家，一邊露出很明顯不悅的表情。然後漸漸變得疑惑，接下來是不知所措，最後臉色發青、陷入恐怖之中。

那個老人，很不幸的，是認識的臉孔。一直以來都只在雜誌上看到照片而已，竟然是他……是男爵還是公爵……正是那個從父親手上繼承公司，扶植公司成長數百倍的那位……超酷司社長，被警衛抓住了！

不知過了多久，張部長還是一樣眼神渙散、嘴巴半開、一副失魂落魄的樣子，站在原處動也不動。他的眼神直盯著坐在合作備忘錄桌子上的超酷司老人家。「明明就不是純貴族血統。如果是貴族，最少不應該用這樣方式出現不是嗎？穿那什麼衣服啊？皺巴巴的棉質褲子加上掛在上面的夾克，是什麼東西啊？」徐雲海社長為了討好超酷司社長，從頭到腳什麼努力都做了。許武漢專務大概說了一百次「抱歉、抱歉，非常抱歉！」這樣的話。社長和專務以外的管理階層不約而同地瞪著張部長，從他們眼中發射出無數的雷射光都射到張部長身上，有些高層的嘴裡甚至發出了「咻～咻～」的聲音。

全身被他們的憤怒和同仇敵愾包圍的張部長，彷彿受到感應要放下一切煩惱，頭頂上飄過的都是讓人頭暈目眩的解脫、涅槃這類單字。然而他對塵世還有迷戀，最後還有一個一定要見的人。那個據說英文說得比美國人還要好的女人，總是以才華洋溢的姿態獨佔所有高層疼愛的那個女人，申娜拉代理，現在到底在什麼地方做什麼呢？

心電感應是偶然還是必然？

不要說是手機了，那個連呼叫器（B.B. call）都沒有的年代，在遊樂園裡被人潮沖散，錯過彼此的戀人，在休息室或是公園入口偶然重逢的故事時有所聞。也曾有過與偶遇的他（或她）說好了再見面，卻忘記約定的時間地點，而感到沮喪之餘，宛如電影情節一般，耶誕夜時卻在馬羅尼矣公園*或是教保文庫**再次相遇的經驗。像這樣對於相互之間的行動，各自懷有一致的期待的關鍵，也就是兩個人之間無意識的共同點，在賽局理論裡被稱作聚焦點（**Focal point**，也是焦點的意思）。

我要來介紹一部任何一位三、四十幾歲以上的人，不管是誰都記得的一部電影，那就是一九九三年上映的《西雅圖夜未眠（*Sleepless in*

* 譯註：Marronnie公園，在韓國首爾大學路附近

** 譯註：韓國知名的連鎖書店

Seattle）》。用韓國話來說是以心傳心，用英文來說就是心電感應（telepathy），它是一部表現出心電感應精髓，令人愉快的浪漫電影。說到浪漫，當然要有兩位主角。男主角山姆是一位建築師（湯姆・漢克斯飾），太太因為癌症離世後變成帶著一個孩子的鰥夫。女主角安妮（梅格・萊恩飾）則是一位對耶誕夜懷抱著浪漫幻想的單身女記者。

原本生活毫無交集的兩位主角，卻命運般地相遇了！一切都是從安妮開車時偶然聽到廣播開始的。山姆八歲的兒子，不忍心看到爸爸因為失去媽媽而鬱鬱寡歡，因此打電話到很受歡迎的廣播節目求助。當安妮聽到兒子的聖誕節願望是要給爸爸一個新的太太，以及山姆對死去的太太依依不捨的懷想時，她竟然不自覺地流下淚來，甚至還有了奇怪的想像，想像自己會不會就是山姆命運中的另一半？自此之後，安妮腦中一直對於這個連長相都不知道的山姆產生各式各樣的想法。分不清這是同情還是愛，每天晚上都失眠。到底山姆和安妮會不會被命運連接在一起呢？

某個情人節夜晚，安妮被一種莫名的期待牽引來到帝國大廈的觀景台。愁容滿面走到觀景台的安妮，發現一個被遺落的兒童背包，那是剛剛還在觀景台的山姆和他兒子忘記帶走的。當然，山姆為了找背包又再次爬上觀景台。兩人就在這命運的聚焦點（帝國大廈觀景台）相遇。

雖然不像電影裡的兩位主角那麼甜蜜浪漫，我們的日常生活中也有很多這樣的凝聚點。舉例來說，好幾個人一起吃飯，結帳時發現帳單上的金額是我沒辦法獨自一人負擔的時候，該怎麼辨呢？如果是外國人，很可能就按照各自吃的份量各付各的，但如果是韓國人的話，問都不問就會按照人數平分成n分之一（偶爾會出現那種俠義心腸的人說要買單）。

無論哪一種更合理，若是成員之間有默契地達成共識，任何協議都可以成為聚焦點。看李圭泰《韓國人的意識構造》這本書就知道，最後剩下的那塊肉不能動手的理由，是因為那不會是「我們」一起吃，而會變成「我獨自一個人吃」。這是因為韓國人的意識結構中，如果不是「我們」，本能反應就會拒絕，這也算是一種聚焦點。特別是在職場上，絕對不能把目光放在最後一塊肉上。

衝突是尋求平衡的過程

聚焦點是指在談判當中，賽局參賽者的意識或行動，自行協調可能性的核心概念。舉例來說，A和B要平分一百美元，各自在紙上寫下自己希望拿到的金額，如果兩張紙上所寫的金額總合不超過一百美元的話，各自就可以得到他們所寫的金額。相反的，要是超過一百美元，兩個人一毛錢都拿不到。在雙方無法溝通的情況下，如果是你，你會寫多少金額呢？

這個問題出自湯瑪斯・謝林（Thomas Schelling）所著的《衝突的策略（*The Strategy of Conflict*）》一書，他在二〇〇五年因賽局理論而獲得諾貝爾經濟學獎。您應該也察覺到了，正確答案並不存在。雖然如此，大部分的人都會寫五十元（或是比五十元少一點點）。在賽局理論中存在很多種平衡點，這時候焦聚點在最終選擇特定平衡中，扮演關鍵的角色。

做生意也是一樣。公司之間的競爭應該要有一種叫做商道的聚焦點，這樣才能阻止一些因眼睛被貪慾矇蔽而做出的不道德行為，或是不計後果硬幹到底的流血戰爭。正在進行中的經濟民主化也是如此。由於經濟倫理和政治倫理，大企業和中小企業的立場互相衝突，反正也沒有正確解答。但像現在這樣政府出面的話，未來每當政權改變，這些爭議會一再重複是顯而易見的。大型超市和傳統市場，連鎖店和社區小商店，都應該自行從「常識」和「常理」當中，而不是透過「法律」和「權力」，來找出彼此間的共生交會點，也就是聚焦點。

公司內部也是如此。以前有社員、主任、代理（甲／乙）、課長、次長、部長這樣層層的職級，現在有很多企業則不分職級，一律稱呼「○○先生／小姐」或是「△△經理」，透過破壞階級的排序來改善僵化的組織文化是有益的，但是應該要有可以用來約束和調整這些「○○先生／小姐」或是「△△經理」行動的潛規則，也就是聚焦點。若非如此，從外面看來精簡扁平的組織，實際上十之八九都會變成沒大沒小的唐朝軍隊。

我們有必要參考像Google或是ＳＡＳ這樣每年被評選為最佳職場（Best companies to work for）的公司。不是從上面進行人為控制，而是讓同儕間彼此的壓力和嚴格的角色分工來發揮作用，唯有這樣才能維持組織的健康。管理階層和員工的任務是在常識的正常框架內，建立一個與組織的特質和願景相匹配的聚焦點。

總之，這是一個聚焦點的問題。在職場上的賽局通常會有多重平衡，平衡會隨著賽局的條件和環境產生變化。此時，參賽者之間要是事先就能心有靈犀，「看一眼就知道對方想法」的話，不用花費太多時間和精力，就可以很容易地達到平衡。如果想要在職場上創造出潛在的聚焦點，就應該要跳脫職級的高低，配合每個人眼光的方向與高低來行動。想要達成這個結果，當然會花一些時間，同時必須承受某種程度的衝突和折磨。但如果不願這麼做，而各自為政的話，總有一天會出事的。

如果心靈不能相通，手腳就要勤快一點

幸運的是，合作備忘錄順利簽完了！事實證明超酷司社長是一位不計較繁文縟節、非常酷的英國貴族。徐雲海社長與超酷司社長年紀相仿，而且都喜歡喝酒，他們決定成為超級好朋友。站在兩個公司的立場看來，有很多可以互相交流的地方，希望能夠產生超越期待的協同效應。多虧這個原因，張紹里部長這條命才能苟延殘喘勉強活下來，代價是一生要受到斥責，沒辦法一次全部聽完。

申娜拉代理也是差點完蛋又活了過來，代價是這一生都要被罵是笨蛋。跟她確認當天的情況，申代理確實提早到了機場，在入境處佔了一個

最中間的位子，翹首等待超酷司社長。然而不管怎麼環顧四周，都沒有看到身穿名牌西裝、身邊有保鑣護送，闊步走出來的史恩·康納萊，全部只有看到來韓國團體旅行的觀光客們。如果要說外國人，就只有一個揹著背包急急忙忙跑過來，看起來很寒酸的外國老人。

▼國與國之間邊界

A和B兩個國家在對峙中。雙方都想擴大領域，但不想發生衝突。如果兩國的邊界發生摩擦或越界，戰爭是無法避免的。在這種情況下，兩國的指揮官選擇的警戒線會在哪裡呢？這是在本文當中提到過的湯瑪斯·謝林的書中出現的問題，這也沒有正確的答案。不！應該說答案太多了。以常識上來說，可以選擇的聚焦點像是經度和緯度等地理上的分支點，或是山或江這種天然的地形。

將朝鮮半島切成兩半的停戰線，是一九五三年七月二十七日停戰協定前，按照聯合國軍隊和北韓軍隊佔據的領域劃分的。（那樣被劃分的停戰線雖然在北緯三十八度附近，但與三十八度線相比，西部邊界是朝南下，東部邊界則是北上。所以屬於北韓領土的開城在三十八度線以南，屬韓國領土的束草在三十八度線以北。）

Round

06

誰比較笨？

受限的理性

不追求效用的最大化，
而是在本人認為已充分足夠的情況下停止思考。
也就是不會苦苦思考所有條件是否都符合，
而是選擇思考的捷徑，
節省做出決定的時間和努力。

徐雲海社長的賽局

定期人事異動近在眼前。徐雲海社長把人事異動對象的名單和簡歷放在面前，晉升高階主管的有兩人，升部長的有兩人。首先是行銷部趙龍漢部長，任何人都會說他學歷是公司的頂尖，還去美國拿到ＭＢＡ，在公司好像一直都很努力，但不知從什麼時候開始讓人很倒胃口，常常看他一個人發呆或在走道上徘徊。一個人吃飯，開會時也像失了魂的人一樣坐著，然後突然做出荒唐的回答。

第二個是生產本部張素麗部長，嗯……張部長呢，非常條理分明，果然是女人比較聰明，說實在的，現在讓她升上常務的位子也不會有任何問題，比起那些白白領薪水、問什麼都支支吾吾、猶豫不決的男性部長們要好一百倍。不過，該怎麼說呢……有點太囂張了。在我這個年紀都快跟她爸爸一樣的社長面前，還是一樣有話直說、滔滔不絕，看來她不管在什麼職位都一樣吧！如果把張部長升上來，那其他男性主管不知道會不會從此連大氣都不敢吭一聲，鬱悶而死，真令人擔心。

在部長中沒有滿意的人選可以拔擢上來，徐社長帶著遺憾，把目光轉向課長名單。首先是羅原來課長，他這個人從頭到腳都是問號。是有幾位常務推薦他，但實在不知道他有什麼強項，不管再怎麼仔細看還是無法捉摸。既沒有漂亮的學歷，也不是在工作上有什麼突出的表現……啊！他就像當兵的孩子一樣，打招呼乾淨俐落做得很好，但光憑會打招呼這點又能撐到什麼時候呢？

下一個又是誰？鄭華秀課長？啊！那個很會踢足球的孩子，那孩子還得再觀察一下，之前團結大會看他踢足球的樣子，感覺像是什麼很厲害的早安足球會球員一樣，結果咧？一次也沒有傳球，什麼足球踢成一比二十一。課長級的人事應該交給主管們才對，社長直接出面有點說不過去。總之這個孩子不行，所謂窺一斑而知全豹，不懂得傳球的孩子，總有一天會出問題。

看到這裡，徐社長把檔案蓋了起來。為什麼我們公司的這些孩子都多少有點問題呢？他深深嘆了口氣，是當初應徵時就出錯了嗎？還是原本不錯，進了公司之後慢慢變調了呢？他實在是搞不清楚。這次的人事異動令人擔心，總不能一個人都不升遷，但是不管拔擢哪一個都不敢放心……

我們都是未達標準的傻瓜

電影《阿呆與阿瓜（*Dumb and Dumber*）》是描寫羅伊（金・凱瑞飾）和哈利（傑夫・丹尼爾斯飾）這對傻瓜搭檔的故事。竹馬之友的兩人，只要其中一人做了蠢事，另一個就會再加油添醋做更蠢的事，是十足的「真傻瓜」。他們的夢想就是勤奮地存錢，將來有一天開一間寵物店。羅伊為了存錢去當司機，有一天他載送一位有錢人家的美女瑪麗到機場，卻發現她把一只裝滿錢的皮箱遺落了。

但那箱錢其實是瑪麗為了救被綁架的丈夫，遵照綁匪指示故意留在那裡的贖金。不知情的羅伊和哈利，為了把皮箱還給瑪麗而追了過去，不惜長途奔波（傻瓜通常都很善良）。綁匪得知贖金被他們拿走，緊追在後想把錢拿回來，而ＦＢＩ也在追捕綁匪。這兩個意氣相投的傻瓜一路上接連不斷地鬧了不少有創意（？）的笑話和想像不到的意外事件，最後他們倆到底能不能順利找到瑪麗，並把皮箱還給她呢？

「怎麼會有這麼笨的人？」雖然這樣想，但是我們跟那二個傻瓜真的不一樣嗎？傳統經濟學上百分之百目標理性的人類，叫做經濟人（Homo economicus），能充分確實掌握狀況，在這個基礎上，會選擇期待利益最大化的方法，而羅伊和哈利很不幸的並非經濟學的分析對象。但是在現實生活中，以正確的判斷為基礎，真的可能做出最佳選擇嗎？

在YouTube上有個有趣的影片「猩猩實驗（The Monkey Business Illusion）」，由數名穿著白色及黑色T恤的女大生玩籃球傳球，問題是要數穿白色T恤的女大生傳了幾次球。影片進行到一半卻有個假扮成大猩猩的人，用手拍著自己的胸脯出現。

在影片結束後問那些受測的人有沒有看到大猩猩，有一半以上的人都反問什麼時候出現大猩猩了？這是因為人只要集中注意力在某件事物上，就會忽略外在的一種認知限制。當人對可相信的事物有界限，對周圍的狀況及收集處理情報的能力也會跟著受限。結論是，我們在經濟學百分之百理性組合的條件下，都是半真不假的傻瓜。

從一九五〇年代開始，人類開始對完美理性提出疑問。一九五六年卡內基梅隆大學的赫伯特・亞歷山大・西蒙（Herbert Alexander Simon）博士提出有限制理性（Bounded rationality）一說，指出在情報不足、認知能力受限、時間限制等條件下，人類只能做出一部分理性的決策。從此之後對理性的研究一直持續著，而這當中又以行為經濟學（Behavioral economics）最為突出，以下就介紹一個有趣的案例。

美國防疫局發現最新型的病毒，如果置之不理會喪失六百條人命，當局提出了二種解決方案，若採取A方案可以救活二百人；若採取B方案，六百人全數救活的機率是三分之一、有三分之二的機率會全數死亡。從期待值的結果來看，A與B其實並沒有差別，但是實際去提問的話，大部分的人會選擇A方案。那是因為有二百名能活命這個確切的數字，會比有可能全員死亡的危險來得好。同樣的問題可以改成下面的方式來提問，若採取A方案，會有四百人死亡；若採取B方案，全數生存的機率是三分之一、全數死亡的機率是三分之二。改成這種方式提問，大部分的人則會選擇B方案，因為看著四百人死亡，還不如選擇機率雖低，但大家都有機會活命的方案比較好。

不要掉入理性的圈套

關於有限的理性的理論，被概括為滿意度（Satisficing）一詞，是滿足（Satisfy）和充分（Suffice）的合成詞，人們不追求效用的最大化，而是在本人認為已充分足夠的情況下停止思考的意思。也就是不會苦苦思考所有條件是否都符合，而是選擇思考的捷徑（Heuristics），節省做出決定的時間和努力。

舉例來說，假設現在你打算要在首爾市內找間房子住，若要符合每一個條件，那麼肯定一輩子都找不到，搬家達人就建議優先以交通、教育、周邊環境等幾個核心基準，來篩選適當的區域。再去拜訪那個地區的幾間房屋仲介，確認符合價格帶及搬家時程等條件，將選擇壓縮到剩二、三個地點，再親自去這幾個地點看看，最後選擇一看就「哇～」被吸引的房子，並立刻簽約。

在商場上也是一樣，不管是打算擴大業務或是展開新事業，任憑企劃部門想得再怎麼周全，依舊會有不確定性。結果反而會陷入過份的激情中，對事業可行性抱持過度樂觀的態度，而出現誇大自我認知的錯誤。這種時候最好放棄嘗試做出百分之百理性的決策。實質選擇權（Real Option）投資就是這個道理，抱著繳學費的心情，對多樣的事業進行小額投資，之後再觀望市場狀況的發展，該放棄的就果斷放棄，需要再多觀望的（如果有必要可以加碼投資）就先觀望。經歷這樣的過程，最後留下來的項目，就是得到市場驗證及經歷過鍛練的項目，比起一開始埋頭苦惱的項目，成功的機率會更高。與其依靠企劃者的理性，不如仰賴市場驗證的結果比較聰明。

好，再回到電影裡。兩個傻瓜終於成功地找到瑪麗，但他們兩人同時都愛上了瑪麗，為了贏得美人心，兩個傻瓜展開了一連串的競爭，但是等到綁架犯被逮捕，被綁架的瑪麗的丈夫一現身，兩個傻瓜就陷入精神崩潰，他們壓根就沒有想過瑪麗是個有夫之婦，由此看來兩個傻瓜的理性不是「有限」，無疑是「退化」的程度。總之，最後兩個傻瓜像是什麼事都沒發生過一樣，又再度成為志同道合的好朋友一起踏上旅程。

升遷不是禮物是誘餌

沒有人是百分之百完美的，只是程度的差別而已。就算是一開始被認為天資聰穎的人，也有很多後來會逐漸失去聰慧。一般來說進公司大概三年，一切都自然開始漸入佳境，但是對業務也會變得不耐煩。艱難地度過第三個年頭，開始沉浸在加薪、升職的樂趣裡。很快地就十年了，然後又會陷入低潮，慢慢地出現非理性的行為。雖然公司之間略有差異，但一般都是次長、部長級的人會有這種心情。

並不是無法理解徐雲海會長的苦惱，話說哪裡還找得到比白手起家的社長更優秀的人？但是將有一點傻、有一點非理性的人集合在一起，面對面做事的地方就是職場啊！將平凡的人聚集在一起做非凡的工作，就是社長的角色啊！

還有一點，升職就像注射類固醇，給予職場人士刺激、賦予動機，讓原本對工作陷入無精打彩的人以升職為契機，過去的聰穎活力會再活化甦醒。員工把事情做好，不應只給予事後的鼓勵，更要在做之前以升職當作誘餌，才會激勵他們把工作做得更好。包含升職的標準在內，根據遊戲規則的不同，職場可以是火花四濺充滿鬥志的擂臺，也可能是一個充滿抱怨聲的哈林區小巷。

奉勸徐雲海社長，不要把升職當作禮物，而要視為一個誘餌。誰知道呢？毛毛蟲也會成為蝴蝶、花朵總會綻放（來自佛教傳說的故事，任何人都能成佛，綻放佛法之花）。

▼英國鬥牛犬與西施犬生的小狗

電影《阿呆與阿瓜》是將電視動畫轉為真人實事，飾演羅伊的金・凱瑞（Jim Carrey）用十分誇張的表情演技，超越了一般電腦繪圖的效果。大部分的傻瓜電影多是如此，用傻瓜的視線，對一般所謂正常人的偽善與算計給予重重一擊，帶給觀眾一種痛快的感覺。

電影中有段很有意思的玩笑話，鬥牛犬（bulldog）和西施犬（Shih-Tzu）交配生下的小狗叫什麼？是雜種？米克斯？傻瓜們說就取狗爸、狗媽各一個字來當小狗的名字，就叫Bullshit好了。

Chapter 2

遭人暗算時，你很難判斷是敵軍還是我軍？

Round

07

逃避為上策

膽小鬼賽局

膽小鬼賽局基本上是在對方倒下之前，
要持續不斷強行推進的遊戲。
無法保證誰一定可以得到勝利，
就算得到勝利，也有可能因為過程中受到的傷害，
而無法長久享受勝利的快樂。

崔高照課長與鄭華秀課長的賽局

崔高照課長和鄭華秀課長是同時期進公司的，通常同梯的人不管彼此喜歡或討厭，直到離開公司之前，都會互通情報，隱約有種像相互照應的夥伴關係。但這兩個人不一樣，新進社員研習一結束，兩人就成為命中註定的對手了。進入公司的成績，崔課長以些微的差距領先，鄭課長屈居第二；但是在新進社員研習期間的評價，鄭課長反而取得領先。雖然主管們都說有像他們這樣的新人進來感到很欣慰，但兩人並不這麼想。

善意的對手？那是不懂公司人情世故的人才會說的話，公司內部早已把這兩個人放在一起，比較看誰會先升上去。在高速公路可不能倒車，必須把油門猛踩到底，無論如何都要超越對方，不然要當永遠的第二名嗎？什麼「不管是等待或過去的日子」，不都是為了公司？啊！在升遷時落敗成為輸家的瞬間，又怎能承受得了周圍的同情和幼稚的嘲笑呢？站在當事者的立場，與其過著屈辱的魯蛇生活，還不如乾脆辭職算了。

情況到了這個地步，崔課長與鄭課長的心跳愈來愈快了，嘴唇開始變得乾燥。分配到部門後，剛開始是按照業務成績，不愧是一、二名之爭，兩人你追我趕，始終在伯仲之間。業績上無法分出勝負，競爭的火種意外地落到工作之外，移到公益活動上了（如果從共同科目上無法分出勝負，那就要另闢選修科目一較高下）。一個人是每逢周末就去當志工，為遊民們供餐，聽說做到連手腕都不能動了；另一個則是到深山或偏鄉去送煤炭，說什麼還做到椎間盤突出了。

上下班時間的競爭更是可觀，不知從什麼時候開始，他們兩人開始比誰早上班，誰又晚下班（如果選修科目也不相上下，就要從生活記錄簿上一決高下）。現在公司裡沒人知道他們兩個到底什麼時候上下班，因為沒有人比他們更早上班、也沒有人比他們更晚下班。甚至還有傳說他們根本就沒下班，而是在公司的值班室通宵過夜。看來真的是瘋了！

不久前在部門聚餐的時候，他們兩個人不知道為什麼都很安靜，一看才發現兩個人就坐在最角落的位置，正大眼瞪小眼地在拚酒，看來現在不需要別人說什麼，只要他們兩個一對上眼，就會啟動自動對決模式吧！多虧了他們，應該和樂融融的聚餐場合，整個變成了比拚酒量的生死鬥擂臺，他們兩個的競爭到底會持續到什麼時候呢？

雖然最好可以不戰而勝

這裡介紹一部雖然沒有人不知道，但沒幾個人從頭到尾看完的電影，詹姆斯・狄恩（James Byron Dean）主演的《養子不教誰之過（*Rebel Without a Cause*）》。詹姆斯・狄恩生前只主演過三部電影，這是他的第二部作品，描述一群得不到社會和父母的認同的青少年的故事。在學校無法適應而到處打混的少年吉姆（詹姆斯・狄恩飾），喝得醉醺醺地來到警察局，遇見了與自己處境相似的茱蒂（娜妲麗・華飾），兩人互有好感，愈走愈近。但是茱蒂已經有男朋友巴茲。吉姆和巴茲決定比膽量，各駕一輛車衝向斷崖，最後跳車的獲勝，就可以得到茱蒂（有點幼稚好笑）。

這就是有名的膽小鬼賽局（Chicken Game，chicken意指懦夫）。膽小鬼賽局有好幾種不同的模式，在電影中是兩部車同時往斷崖衝去，墜落斷崖前最先跳車的人就輸了。一般來說通常是在直線道路上，兩人分別從兩端面對面開車直行，在對撞之前先轉彎的人就輸了。任何賭上性命、試膽量的賭局都屬於膽小鬼賽局的範圍。

膽小鬼賽局在冷戰時期被用來諷刺美國與前蘇聯的極度軍備競賽，成為國際政治學的用語。一九九〇年代末期之後，美國與北韓圍繞著核武問題的對立；二〇〇四年韓國總統盧武鉉彈劾案通過，執政黨與在野黨的極端對決，也被視為是另一種形式的膽小鬼賽局。

在商場上也常常可以看到各種膽小鬼賽局的案例，近期最具代表性的就是半導體產業，一九八〇年代日本的半導體業者們先誘發膽小鬼賽局，曾讓當時全球最強的英特爾屈服。進入二〇〇〇年代，韓國的三星與ＳＫ海力士（hynix）引發增設競爭，展開了膽小鬼賽局，日立、ＮＥＣ、富士、三菱等響噹噹的日本企業紛紛陷入泥沼，甚至合併後的爾必達也沒能撐下去，申請破產，並在二〇一三年被收購。

在賽局理論中，膽小鬼賽局的均衡，是兩者中的一方直行前進、另一方轉動方向盤避開；如果兩方都直行會同歸於盡；若兩者都轉彎，那麼雙方都是懦夫，就不符合均衡的條件了。

膽小鬼賽局基本上是在對方倒下之前，要持續不斷強行推進的遊戲。雖然取得勝利的一方可以成為在位很久的王，但分出勝負的同時也必須擁抱「不是一就是零」的風險。無法保證誰一定可以得到勝利，就算勝利，也有可能因為過程中受到的傷害，而無法長久享受勝利的快樂。

《孫子兵法》中說「不戰而屈」，盡量避免陷入膽小鬼賽局的狀況，才是最明智的戰略。就算真的進入膽小鬼賽局，也要盡快做出判斷，看是要堅持到最後，還是在中間悄悄讓步。只要不是不懂察言觀色，就應該不會贏不過自己的脾氣，而陷入同歸於盡的境地。

若在職場中陷入膽小鬼賽局

如果像崔高照、鄭華秀課長的狀況，非本意的陷入膽小鬼賽局，該怎麼辦？在這裡就介紹幾招在實戰中可以活用的必殺技。

首先是先發制人。把自己的手綁在車子方向盤上，將絕對不會跳車的強烈訊息傳遞出去，如果能將自己是瘋子硬漢的印象深刻在對方心中的話，對方的方向盤就不得不轉動（最善用這個戰術的國家就是北韓）。舉例來說，崔課長把行軍床都帶到辦公室來，食宿全都在公司解決，那麼幾乎可以篤定能摘下勝利的獎章。

第二招是裝蒜。就算對方不斷展現出一副硬漢的樣子，也要裝作視而不見。不管對方如何恐嚇也不能露出一點動搖的樣子，只要悶著頭默默地踩油門，那麼對方會逐漸焦躁不安，最後不得不先轉動方向盤。鄭課長看到崔課長的行軍床，眼睛眨也不眨一下，按照自己的步調做事，又冷又餓的崔課長撐不了多久就會自己厭倦放棄了。

第三招是提供名分。給對方有名譽的台階下，那麼兩方都可以從膽小鬼賽局的陷阱中逃脫出來。如果崔課長把獨一無二派遣到美國分公司的名額偷偷讓給鄭課長，崔課長就可以不戰而勝。鄭課長得到派遣海外的實質利益，雖然不得不棄權，但優雅地退場也沒什麼不好，雙贏（win-win）啊！

再來看看電影的結局，與吉姆玩膽小鬼賽局的巴茲，因為衣服被車門夾住，沒能及時脫逃而墜崖死亡。吉姆在這場膽小鬼賽局中雖然贏了，卻是傷痕累累的光榮。由凱文・貝肯（Kevin Bacon）主演的電影《渾身是勁（*Footloose*）》，或強尼・戴普（Johnny Depp）的《哭泣寶貝（*Cry baby*）》，在許多電影中都可以看到膽小鬼賽局反覆登場，在人性中很難找到那麼真實又戲劇化的設定。韓國作家趙廷來的大河小說《太白山脈》中，廉尚九和胡蜂站在鐵軌上比看誰撐得久，也是另一種版本的膽小鬼賽局。

膽小鬼賽局就像大家常想的那樣，是沒有必要的膽識較量，所以一開始就不要陷入膽小鬼賽局中，就算一時衝動陷進去了，也要盡最大努力去安撫對方，以避免最壞的狀況——同歸於盡——才是上策。韓國人多半性格又急又容易暴躁，所以很容易陷入膽小鬼賽局中，因為不管做什麼都「不是死就是活」，一旦開始了就要「走到不能走為止」。

但是我們不是小雞，職場也不是養雞場，職場上的競爭只是鍛練和成熟必經的過程，競爭本身並不是目的啊！崔課長和鄭課長領悟到他們兩人之間的殊死戰，有人正抱著悠閒的心情（或許還一邊吃炸雞喝啤酒呢！）在一旁看熱鬧。有很多例子顯示，就在雙方陷入幼稚絢爛的膽小鬼賽局而渾身是傷之際，出乎意料之外的第三者毫不費力就坐上寶座。

有句歌詞是這樣唱的：「不要問我為什麼，為什麼要費盡苦心坐上高位」。孤獨的豹一邊吟唱、一邊奮力爬上吉力馬札羅火山，最後卻又餓又凍地死在山上。

曹操的深意

在《三國誌》中，曹操以一萬兵力殲滅袁紹十萬大軍，勝利之後的曹操去搜了袁紹的帳幕，發現很多這段期間袁紹偷偷買通自己麾下將領、雙方互通的信件，這無疑是反叛罪，但是曹操卻下令將那些信件在眾將領面前公開燒毀，這就是「楚燒密信*」。

為什麼曹操握有物證卻未將反叛者斬首？是不想見血嗎？還是他寬宏大量？曹操怎麼會是那種人呢？

事實上曹操已經知道膽小鬼賽局的結局了，萬一公開那些信件，反叛者的選擇顯而易見，反正橫豎都是一死，要死要活都任由曹操宰割，但這麼一來曹操不會比較輕鬆，而且也會有一定程度的傷害。曹操為背叛者開了一條生路，清除膽小鬼賽局帶來不必要的摩擦，同時還可以在此基礎上得到寬宏大量的好評（雖然講到氣度風範還是劉備略勝一籌，但曹操無疑是《三國誌》裡最亮眼的明星）。

---

* 譯註：在《三國誌》中似乎沒有特別使用「楚燒密信」一詞來稱呼這個故事，應是韓國方面的說法。

Round

08

有時居次才是最好的

所有性別賽局的解決方法都是溝通。
平時就要打開溝通的渠道進行對話，
唯有這樣才是擺脫性別賽局面臨兩難局面的唯一方法。

性別賽局

羅原來課長的賽局

秋天到了，正是全公司教育訓練的季節。這是甜滋滋製果公司最大的活動，包括徐雲海社長在內的全體職員都會聚在一起。其中尤其重要的是社長訓話，以及在上半年度業績發表之後進行的運動會。平常在辦公室沒有存在感的人，這個時候都會一躍而出，也許是想一次挽回過去失去的分數吧！鋼鐵般的體力和不屈不撓的精神這個時候全都湧現。

但去年是最後一次運動會，被稱為「小氣鬼」還隱隱自豪的徐雲海社長，認為把電視機及冰箱當作運動會獎勵是一切的禍根，因為每次一到運動會，全體職員的腎上腺素都爆發出來了。

沒見過什麼活動會這樣以下犯上的。在足球賽時，南依德社員一時「失去理智」，鏟球時把一名課長的韌帶弄斷了；崔高照課長用二段橫踢強力射門，讓用臉接球的毛常務鼻樑骨塌陷（依照職場慣例不方便公布被害人全名）；就連在不可能出意外的拔河比賽中，身為兩個孩子的媽的劉難熙常務，因為過度使用「平常都不用」的肩膀肌肉，導致有一段時間肩膀像機器人一樣僵硬。

所以今年是「三無」教育訓練，凡是需要跑的、會碰撞的、要使力的活動，全都禁止，取而代之的是才藝表演。羅原來課長因為膽敢弄斷嚴厲的常務的鼻骨，成為不知「上下倫理的傢伙」，他屏氣低調地過了一年，這次是恢復失去形象的最好機會，於是他早早就召集了職員們一起來商量，最後結論壓縮到剩二個選項，一是將大河電視劇《樹大根深》改編為職場版演出，由徐雲海社長飾演世宗大王，有多名內侍及水賜*真心忠誠地輔佐（這種表演無條件是首選）；另一個是模仿曾經風靡一時的女子偶像團體（特徵是戴著安全帽表演），部門全體職員一起唱歌跳舞，歌曲很簡單，節奏還帶有韓國傳統Trot演歌的旋律，社長跟主管們一定會喜歡。

羅原來課長已經決定好了，無論如何都要推動第一案成立，然而以嚴言娥代理領頭的女職員們卻傾向選第二案，不知道是不是想趁此機會重回

「少女」時代，但最好不要那樣。羅課長以男職員們的劣等體型為理由，好聲好氣地勸女職員們放棄，但是不得要領，因為他們本來就不是會看大河電視劇的一代，尤其如果演《樹大根深》，那麼女職員們一定都飾演水賜吧！她們死也不要。就算改編劇本演個中殿**或公主，那也不符合她們的形象，會很為難的！（那什麼才適合呢？）最後，甚至還有人說乾脆男女分開表演不就得了。唉！都快沒時間練習了，現在是要怎麼辦啊？

●就算偷東西也要齊心協力

描寫夫妻之間矛盾的電影很多，其中最為人熟知的當然是《玫瑰戰爭

---

* 水賜：高麗、朝鮮時代在宮中打掃做雜役的下人們。
** 中殿：稱呼朝鮮時代的王妃。

（*The War of the Roses*）》。前途一片光明的菜鳥律師奧立佛（麥克・道格拉斯飾）和體操選手出身的芭芭拉（凱薩琳・透娜飾）兩人一見鍾情而結婚，十七年的婚姻生活雖然並不寬裕，但兩人仍過得很幸福，生了一對兒女，買了車，還找到了一棟夢想中的房子。然而一旦經濟上漸漸富裕，一切安定之後，彼此間的矛盾就會慢慢浮上檯面。

在律師事務所中一帆風順的奧立佛，逐漸無視妻子，甚至變得瞧不起她。芭芭拉因為對法式傳統肉醬Pâté很有興趣，打算自行創業。她費盡苦心寫了一份創業計劃書，卻被奧立佛拿來打停在冰箱上的蒼蠅，一切開始變得不尋常（就說不應該那樣做）。幾天之後，奧立佛因為急性胃痙攣而送醫，在醫院時由於極度不安而寫下遺書，但芭芭拉卻沒有到醫院看他。出院後奧立佛對芭芭拉興師問罪，問她到底有什麼不滿？芭芭拉一氣之下揮拳，正中奧立佛的臉（挨打的丈夫好像愈來愈多了……）。

兩人的感情已經到了臨界點，夫婦間無話可說，於是決定離婚，如同片名一般展開爭奪房屋所有權的戰爭。房子裡劃分好警戒線，紅色區域是芭芭拉的，藍色區域屬於奧立佛，草綠色區域則代表中立地帶。這真是一場幼稚又真實的離婚戰爭。然而有一天，芭芭拉的貓被奧立佛的狗追趕，結果被奧立佛的車撞死了。芭芭拉趁奧立佛洗三溫暖時把他反鎖在蒸氣室裡報復，奧立佛則把芭芭拉的鞋跟全都切成碎片（打架的畫面還真的很有看頭），他們之間的戰爭會到什麼時候才結束呢？

在賽局理論中，有一個叫性別賽局（Battle of the Sexes）的有趣理論，講的是男女之間喜好互相衝突。假設有一對夫妻約好下班之後約會，但不記得到底是要去看歌劇還是足球賽，而兩人又無法互相聯繫（或是說如果被發現忘記約定場所，可能會招來更大的災禍），丈夫跟妻子各自該往哪裡去呢？

性別賽局基本上是以協調喜好為核心，所以也叫做協調賽局（Coordination Game），這個賽局的均衡狀態是兩人一起去看歌劇，或是一起看足球賽（即使妻子比較喜愛歌劇、丈夫比較喜愛足球），兩者當中選擇哪一種，會因夫妻倆平時的默契而有所不同。就算偷東西也要齊心協力，如果之前大多都是去看足球的話，這次可能就會去看歌劇；又或者如果是非常難得的A級球隊，可能二話不說就去看足球賽了。最壞的狀況就是各選各的，兩人都成為突然失去伴侶的孤雁。

隨著社會愈來愈複雜，每個人的音量都變大，我們面臨的許多問題都跟性別賽局很類似。雖然名稱叫性別賽局，但並不代表只能侷限於男與女的關係，保守與進步、老一輩與新世代、勞方與資方，所面臨的問題都一樣。在職場上也是如此，不能說這一方是對的，那另一方就一定是錯的，這種狀況不計其數。雖然聽起來有點含糊不確定，但是最後所有性別賽局的解決方法都是溝通。如果不是存心要嚇唬對方的話，平時就要打開溝通的渠道進行對話，唯有這樣才是擺脫性別賽局面臨兩難局面的唯一方法。

在打架中獲勝，不在戰爭中吃敗仗

應該避免出現因保守與進步的競爭使國政癱瘓，或勞資對立而讓公司陷入困境的事。事實上，賽局理論本身源自於——同時存在著完全不同利害關係的多名參與者，研究他們的優化策略。在性別賽局中，如果因為無法取得最好的結果，就走向最糟糕的結局，那是很愚蠢的事，這時懂得滿足於次好結果的明智（或者應該說實際），比任何時候都需要。

只要一個眼神就知道了？沒有那種事。平時要有夠頻繁與高密度的溝通，對彼此行動的預測準確度才會高，也就是說，有必要管理好彼此交叉信任的領域，這樣才比較容易調整和協商。以前社會只有大字報和擴音器，要說溝通，那些工具更趨近於通報的手段；但是現在有網路、簡訊、即時通訊軟體、臉書、推特等各種可以雙向溝通的管道，要懂得聰明活用這類尖端科技媒介，讓它成為溝通的利器，而不是分化的凶器。

好，再來談談電影吧！現在家裡亂成一團，兩人正朝向賽局、或者該說是戰爭的最後勝負奔跑。芭芭拉為了給奧立佛狠狠一擊，不慎從二樓欄杆跌了下來，所幸剛好掛在客廳上方的吊燈上才沒有直接墜落。而諷刺的是，她原本為了殺死丈夫，已經先把吊燈的螺絲鬆開。這時奧立佛突然正義感大發，為了救妻子，結果自己也掛在吊燈上。吊燈鋼索無法支撐兩個人的重量。

最後兩人和吊燈一起墜落，在四散的玻璃碎片上，兩人的身體逐漸冷卻，屋子裡一片漆黑，只剩下寂靜，成為在性別賽局中未能取得均衡、最不可思議又悲劇性的結局（電影片名的翻譯多少有點尷尬，不知道是否有什麼意圖，不過比起《玫瑰戰爭》，用《羅斯家的戰爭》比較好，因為奧立佛的姓就是羅斯ROSE，全劇跟玫瑰一點關係也沒有）。

贏得小戰，卻在大戰失敗的例子很多，在沒有大願景的情況下，只執著於眼前的小勝負就會變成那樣。在公司裡大大小小的矛盾沒完沒了，因為過度的自尊心與勝負欲而惹禍的情況很多，動不動就跟旁邊的某某進行殊死戰，在管理階層的眼中只會覺得員工令他們寒心，兩方半斤八兩罷了。

在這次的才藝表演中「唯一」重要的事是部門全體人員的參與，以主導的羅原來課長的立場來說，先決要件是要讓部門人員了解全員參與的必要性。而且獎賞不只是有形的獎品，必須確實讓同仁了解，如果利用這次機會讓社長注意到的話，對大家都有利。

首先部門同仁要先取得共識（Consensus），兩個方案中選擇哪一個並不重要，不管是要斯文的大叔們因為僵硬的舞蹈動作而自毀形象，還是美麗的小姐們扮演水賜折損了形象，從長遠看都不算什麼，要猜拳決定也行，抽籤決定也無妨，或是考慮用整批交易（package deal）的方式也是可行的。舉例來說，如果照女生們的選擇，那麼跳舞練習、服裝、音樂等麻煩事也都一併交給女生們來負責；相反的，如果把眼光放遠，這次就照男生們的選擇演出大河連續劇，不過要約定好下次有活動時，所有的決定權都交給女生，這也是一種方法。

▼禮物也要配合默契

有一個未能協調喜好而造成荒唐又令人惋惜的故事，是歐・亨利（O. Henry）的短篇小說《最珍貴的禮物*》。有一對貧窮的夫妻，他們雖然很相愛，但在冬夜裡是又凍又餓。聖誕節到了，夫妻倆分別決心為對方準備驚喜禮物。妻子剪下自己最寶貝的長髮拿去變賣，買了錶鍊送給丈夫；而丈夫卻是把自己最珍惜的錶賣了，拿錢去買了全套的髮梳要送給妻子。（結果大吵一架之後，雙方下定決心不再互送禮物了！）

＊譯註：原文名稱是（*The Gift of the Magi*），韓文譯為《聖誕禮物》，台灣有《麥琪的禮物》與《最珍貴的禮物》二種譯名。

Round

09

是鷹派還是鴿派？

鷹鴿賽局

鷹鴿賽局，即要從兇狠強悍的鷹（強硬派）和溫柔和平的鴿（溫和派）中二選一。

一般來說這種模式的均衡，是一方選擇鷹、一方選擇鴿，維持與敵人共枕的狀態。

徐雲海社長的賽局

任誰都會說李企芬常務是鷹派，不只眉眼長得兇狠，凡事也都爭得面紅耳赤，投資要達到最大限度，促銷活動也要做到讓顧客感到厭倦的地步才覺得起勁。雖然職員們都覺得她很可怕，但是她一旦做了決定就會堅持到底，所以有很多職員是她的鐵粉。相反地，權泰奇常務一看就知道是鴿派，下屬們都覺得他很好相處，令人感覺毫無拘束，所以還滿順從他的。但是遇到需要迅速做決定的案子，他會盡最大限度拖拖拉拉，雖然謹慎是件好事，但總讓在一旁看的人急得心臟都快跳出來了。

個性和行事風格迥異的兩人，事事都針鋒相對，雖說要融合多樣化的風格才能激發有創意的複合性點子，但是……在徐雲海社長眼裡，他們的缺點比優點還要突出。「李常務說商場不就是戰爭嗎？不管什麼事都只管拚命，根本就沒當過兵的傢伙講什麼戰爭啊！權常務是叫他敲石頭卻弄斷拐杖，還得意揚揚的傢伙，應該要看石頭到底碎了沒，誰教你把拐杖弄斷的？」

這次的新投資案也是因為他們兩人的意見嚴重分歧，把人搞得更混亂了！李企芬常務主張積極攻擊式的投資才能搶佔市場，權泰奇常務則主張，光憑預估值就進行投資，這樣風險太高。馬的，各自拋出完全相反的意見，最後還不是把決定丟給我，他們兩個自己應該先協調出一個方案，然後身為社長的我只要追認、或是指示，將部分調整得更完善不就好了嗎？困難的部分還要我自己來，那我何必花那麼高的薪水請這些高階主管啊？

聽說他們不管是為了公事還是在私人場合，只要一見面，無論大小事都要吵。一旦開始吵架，首先聲音比較大的鷹派李常務看似會壓倒性地佔上風，但鴿派的權常務也不甘示弱，會糾纏不休地招惹李常務。聽說因為一對一無法分出勝負，他們還到處拉攏附和自己意見的人，看來最近要開始打群體戰了。

徐雲海社長嘆了一口氣，為什麼我們公司裡沒有那種具有老鷹的喙、鴿子翅膀的「鷹鴿」；或是有鴿子的方向感及老鷹的利爪的「鴿鷹」呢？

尋找鷹與鴿的黃金比例

二〇〇六年得到坎城影展金棕櫚獎的電影《吹動大麥的風（*The Wind That Shakes the Barley*）》，看著逐漸走向右傾的日本，在近期感受到絕望與憤怒的時候，是值得再看一次的電影。

電影是描述在一九二〇年的愛爾蘭獨立戰爭時期，英格蘭對愛爾蘭實施殘酷的鎮壓（愛爾蘭在十二世紀中葉被英格蘭的亨利二世征服之後，近八百年持續追求獨立）。愛爾蘭的年輕醫生戴文（斯里安・墨菲飾）好不容易找到在倫敦醫院的工作，但在行前親眼目睹朋友因為使用蓋爾語（Gaeilge愛爾蘭母語）與英軍發生衝突而被打死，致使他改變了決定。他放棄行醫，跟隨哥哥泰迪（德萊克・德蘭尼飾）加入ＩＲＡ（愛爾蘭共和軍Irish Republican Army）為獨立而戰。

為了獨立打了數年游擊戰，最終愛爾蘭取得勝利，英國允許愛爾蘭自治。但是勝利的歡樂只是暫時，自治的範圍其實只有一半。消息傳開之後，愛爾蘭人陷入一片混亂，接受條約的一方和主張再次進行抗爭的一方意見分歧，於是愛爾蘭進入內戰。哥哥泰迪和弟弟戴文彼此也有不同選擇，最後兄弟倆不幸落入以槍口相向的悲劇（與經歷對抗日本帝國主義的獨立運動、解放後的政治混亂，同族相殘的韓半島歷史非常相似）。

在賽局理論中有所謂的鷹鴿賽局（Hawk-Dove）。即要從兇狠強悍的鷹（強硬派）和溫柔和平的鴿（溫和派）中二選一。乍看似乎應該選擇鷹派，但是如果對方也選擇鷹派，那麼鬥爭就不可避免了，有一方必死或是受重傷。相反地，鴿子不會跟老鷹正面衝突，會適時迴避，就算利益被奪走也不會受到太大的傷害，因此根據對方做出的選擇，來決定自己是要挺直腰桿強力前進（鷹），還是要彎著身子進去（鴿）。一般來說這種模式的均衡，是一方選擇鷹、一方選擇鴿（雖然並非出於心甘情願），維持與敵人共枕的狀態。

現在把鷹鴿賽局放大到從社會觀點來看，首先，單純由鷹（強硬派）組成的社會無法取得安定，經過互相撕咬的攻防戰，所有人都會受到傷害，這種時候應該選擇鴿，避開紛爭才能存活下來（隨着對強硬派的失望不斷累積，支持穩健派會的呼聲會逐漸升高）。不過當鴿派的比例增加時，雖然可以取得暫時的和平，但是必然會有人暗地裡還是想當鷹（通常在大多數的穩健派中，會有幾個音量比較大的強硬人士站出來）。這麼一來，社會就會再度被鷹派佔領，這樣的過程一再反覆，直到鷹與鴿的比例達到平衡時，社會才能趨於穩定。

最近政治圈強硬派的影響力太大，很可能導致政局癱瘓的情況令人擔憂，但光是擔心不會有任何改變，不論如何，必須努力找到方法，減少透過強硬的爭鬥取得的利益，相對提高付出的代價，這樣鴿派才會得到力量。比起只是嘴裡呼喊「現在該打起精神了」這種口號，政治人更應該在鷹與鴿的岔路口，建立引導人們做出正確選擇的制度和國民意識，才能實現政治穩定的理想。

守住底線才是最明智的

一九七〇年代，英國進化生物學者約翰・梅納德・史密斯（John Maynard Smith）提出在社會中個體之間，會將比例調整到一個穩定點的策略，稱為演化穩定策略（Evolutionary Stable Strategy，簡稱ESS）。演化穩定策略的案例可以在許多地方找到，其中最具代表性的就是自然生態系統。非洲塞倫蓋提國家公園的獅子為什麼四天狩獵一次？如果勤快一點，不就能多抓一些草原上的角馬（又稱牛羚，是棲息在非洲的牛科動物）吃到飽啊！這都是有理由的，如果太貪心濫捕的話，角馬的數量就會驟減，那麼與其他獅子為了爭奪食物的紛爭加劇，流血的可能性就會變大。因此安貧樂道，只獵捕自己需要的數量才有利於進化。

總而言之，要實現穩定的進化，比起任何一方的極端主義，更應該在適當的範圍內進行協調。也就是說不只是競爭，共存也是進化的核心機制。在商場和職場上也一樣，不管是再怎麼像弱肉強食般的叢林，如果太貪心就會引起禍端。

人類的發明當中，最了不起的就是資本主義系統，但是因為無法控制巨大的效率，而造成兩極化的問題。在很少進行街頭示威的西方，同樣發生過佔領華爾街事件；而在韓國，反大企業的情緒也不會輕易消失。如果資本主義今後還想繼續繁榮，就要像非洲草原上的獅子一樣，有自我節制的智慧。就算由政府出面說這個不行、那個行來強制規範，結果還是會不了了之，必須由大企業自主性地守住底線才是明智的。如果不守住底線，把社區內的麵包店或巷口雜貨店都併吞的話，別說成為什麼百年企業，最後只剩下自己一間企業的結果，將會孤獨而終。

好，我們再回來說說電影。最後結局是在內戰的漩渦中，鴿派的哥哥泰迪下令槍殺了鷹派的弟弟戴文。「為了祖國，這麼做是值得的吧？」劇中戴文的這句話同時也在反問觀眾，他們兄弟倆的選擇究竟是為了什麼？在電影中，意識形態是怪物，如同「吹動大麥的風」無止境地掃過年輕麥穗的模樣，有意無意地都裝進了攝影機。保守與進步、舊時代與新世代、上層階級與下層階級、吸菸著與不吸菸者，我們的社會不管什麼都要劃分界線，這憂鬱的一面在電影中，一幕幕都讓人感覺似曾相識。

意見可以多樣，但命令必須有條不紊

鷹鴿賽局不只存在於社會與企業，在我們的職場生活中也適用。公司基本上是建立在分工的基礎上，因此各自盡忠職守，勢必分為鷹派和鴿派。通常行銷跟營業部門是鷹派，內勤如財務部門則屬於鴿派，為什麼會這樣分，就讓我們來看看內情。

營業部門最重要的KPI（Key Performance Index，關鍵績效指標）通常是業務的擴張。這次如果賣了一百個產品，下次就要賣一百二十個；這次只在首爾販售，那麼下次就要進軍全國。因此營業部門不管投資金額多少，都會想積極擴大投資規模，這麼做不只是為了提高KPI積分，營業部門的職員真的是這樣思考的（華麗但沒有對策）。

相反地，財務部門最重要的KPI是維持管理好公司的生計運作，會盡可能減少公司花費，就算是長期來說對公司有利的投資，對他們而言，最重要的還是今天當下要有得吃有得活。因此總是會把投資案的風險放大檢視，對投資變得愈來愈吝嗇了（很可靠但小氣）。

從鷹鴿賽局的觀點來看，徐雲海社長其是一點都不鬱悶，李企芬常務和權泰奇常務各自都忠實扮演好自己的角色，那就是讓甜滋滋製果順利運作最好的證據，因此不能抱怨他們凡事都對立。

西元前六世紀建立波斯帝國的居魯士大帝，他有一個口號是「意見可以多樣，但命令必須有條不紊」。建全的組織並不是零矛盾的組織，應該鼓勵和包容矛盾，表達各式各樣的意見。在將「不同」視為「錯誤」的單一文化中是不會進步的。

聽取各種意見之後，在中間取得均衡做出決定，就是社長存在的理由，不管是鷹還是鴿，其實都是徐社長自己，如果對那種角色感到有負擔，沒有自信，那就要培養有力量的鷹或鴿，這就是企劃室或秘書室通常會直屬於社長的原因。

「你的面具下是老鷹吧？」
「那你呢？你是鴿子吧？」

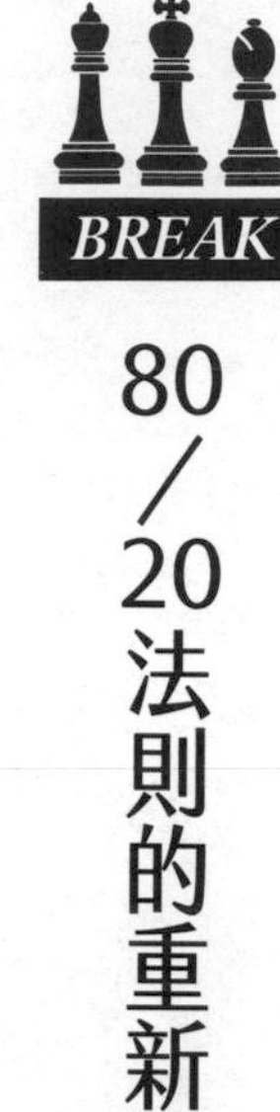

80／20法則的重新解釋

80／20法則是指不管在哪一種社會中，都有約百分之二十勤勉的人以及百分之八十懶惰的人共存著，那麼如果只留下那百分之二十，把百分之八十去除掉會怎麼樣呢？最後只留下百分之二十的精英組織，能讓生產力劃時代地提高嗎？其實並不可行。實際用螞蟻社會來進行實驗就可以證明，將不事生產的百分之八十去除後，剩下的百分之二十當中，又會產生偷懶的傢伙，最後又回到80／20法則的比率。

同樣地，就算只留下百分之八十的懶惰蟲，經過一段時間，同樣可以看到有百分之二十比較勤奮的被劃分出來（從組織進化的觀點來看，在百分之二十中藏著百分之八十，在百分之八十中則融入了百分之二十。也就是說，以現在狀況來說，與其分優劣，不如說為了不讓優等的職員怠惰，讓劣等職員振作起來，誘導是很重要的）。

Round

10 升遷，那致命的誘惑

先行者優勢

先行者基本上要瞄準市場先機，

如果順利成功，

那麼可以在毫無阻礙的情況下享有獨佔利益。

閔基迪代理的賽局

固定在三月發佈的人事命令只剩一天了，這也就是說，閔基迪代理的偏頭痛再痛一天就結束了。每到年初就開始的頭痛多半是條件反射，上班時還好好的，但是只要一聽到「人事」、「職位」、「派令」等單詞，毫無疑問地，高壓電流就會在神經元裡流竄，不是那種吞一口口水就能嚥下的疼痛，而是如針扎般的神經質偏頭痛。

為什麼一到發佈人事命令的季節，大家話就變多了？什麼誰會升遷啊、誰會退位、誰誰誰是什麼背景、誰誰誰又是工會的元老等等。既然拿人薪水，只要努力做好自己份內的事就好，真不知道為什麼那麼愛管別人的閒事。去年的這個時候實在是無法忍耐，所以生平第一次去精神科看診。

醫生大概五十幾歲，看起來很有錢的樣子，他不經意地瞄了閔代理的眼睛，用充滿確定的聲音下達診斷結果及處方，「是因為壓力造成的，絕對不能受到壓力」。現代人所患的疾病大部分都說是壓力造成的，看來現在醫生的資質，不是取決於專業知識的深度或經驗的多少，而是看他如何將「壓力」這個詞說得優雅又堅決。

與閔基迪代理同期進公司的二十七人當中，有二名已經離職，還剩下二十五人，其中前年有四人、去年有八人升上課長，截至目前為止的成績為十二人當上課長、十三人還是代理，等於一半一半。這種時候最悶了，如果這次有幸升上去，閔代理等於是擠上優等生的那一團，雖然是晚了點，但誰知道呢？說不定他大器晚成，幾年後異軍突起衝到領先位置。但是萬一……應該不會發生那種事，但真的如果只是萬一，這次又沒升上去，那麼閔代理真的毫無疑問會落入劣等生行列。

求學期間不管成績好不好，學長、學弟、同學間的感情都不太容易變，但職場不一樣，先升遷的同期同事馬上就成了上司，稱謂變成「課長」，負責的工作也不一樣，永遠都很難迎頭趕上。這還真是要命的狀況啊！「唉！人生為什麼會走到這一步呢？」這樣看來，最近連天空都是一片灰濛濛，如果能下一場雨就好了。閔代理望著天空自言自語：「真想活在一個沒有升遷的平等世界裡，我沒有升遷沒關係，所以拜託讓其他人也不要升吧！」然而閔代理背後的天空只被紅霞暈染，沒有回應。

先行者的陷阱，鴻溝

電影《遠離家園（*Far and Away*）》的背景是一九八二年愛爾蘭西部，佃農們對地主階級的不滿達到巔峰，佃農的小兒子約瑟（湯姆・克魯斯飾）與地主的女兒夏蘭（妮可・基嫚飾）在大飢荒後離開荒廢的愛爾蘭，被美洲這個廣闊新天地的故事所吸引而踏上冒險之路，他們最終的目的地是到達可以平分土地的美國奧克拉荷馬州。

約瑟和夏蘭平安抵達波士頓港口，但值錢的東西都被偷走了，兩人瞬間成了窮光蛋。逼不得已，約瑟成了賭博性格鬥選手，而夏蘭則成了拔雞毛的女工，一分一分苦苦攢錢。他們最後的目標是坐上馬車前往奧克拉荷馬州，但是約瑟不小心把賭局比賽給搞砸了，兩人被趕了出去。沒有東西吃，在街頭徘徊的兩人，到底能不能實現夢想，到達那片廣闊的土地呢？

電影的壓軸是約瑟為了取得土地，騎著馬在曠野奔馳的畫面，所謂在無主空山上插旗應該就是這樣吧？跑在最前面雖然有點恐懼，但總比落在人家屁股後面要好一百倍。

在商場上也一樣。我們可以聽到很多類似的企業從過去的第一跟隨者（first follower），堂堂正正成為先行者（first mover）。原來我們公司不知不覺已經到這麼高的程度了，光是聽到這樣的話也覺得內心澎湃。但是「以後就這樣做」和「立刻這樣做」可是有天壤之別。天下哪有白吃的午餐，成為先行者可以得到許多，相對地風險負擔也不可小覷。

先行者基本上要瞄準市場先機，如果順利成功，那麼可以在毫無阻礙的情況下享有獨佔利益，即使一段時間之後後繼者蜂擁而來，先搶先贏的既得權利也會自然而然形成一道壁壘，那可真是得到一大片藍海。

但是有一個問題，如果費盡千辛萬苦搶得新天地，但那裡沒有黃金，只有漫天灰塵，那可就大事不妙了。如果消費者現在還沒準備好打開荷包，那麼即使搶得市場先機也得不到好處。想像一下，對一群數百年來都習慣光著腳的原住民們，介紹依照人體工學製作的新款慢跑鞋的好處，結果會如何？雖然消費者們的反應常常比光速還快，但是大體上還是會依循慣性法則。

有兩個企業正準備展開先發制人的遊戲，他們要決定是率先進入市場，還是先觀察一下急性子對手的狀況再決定要不要跟進。兩個企業使用的具體策略和從中獲得的利益得失，會依市場特性（大小及反應速度等）以及企業本身所處條件（組織敏捷度和資本力等）而不同。但是有一點可以確定，若兩方都為了搶佔市場先機而爭先恐後進入，對雙方來說都是落敗。因為如果初期市場規模不足以養活兩家企業的話，可能會落入膽小鬼賽局最淒慘的下場。

這時就要注意鴻溝理論（Chasm Theory）。由對新產品有著高度敏感性的早期採用者（early adopter）主導的初期市場，與重視實用性的一般消費者主導的主流市場之間，會產生需求停滯，即出現鴻溝（原是指地殼發生變動產生龜裂的地質學術語）。有很多好像動輒可以顛覆世界、登場時聲勢浩大的高科技風險投資，卻在一瞬間無聲無息地消失，就是因為發展到後來無法跨越鴻溝的緣故。必須跨越過鴻溝，直到技術開始廣泛運用，並擴展到一般大眾時，企業才能算是在市場佔有一席之地。

必須先好好衡量先行者的利害得失

美國西部在開發初期，有許多開墾者因為和原本住在那裡的印地安人發生衝突而死，也有不少是因為疾病或不熟悉騎馬墜落而死的。經過好一段時間之後，以那些開墾者的犧牲為基礎，才得到鐵路及石油公司等寶貴的實際利益。早期採用者的歡呼聲就像一大片海市蜃樓，應該從他們表現出來的甜蜜幻想中清醒過來。在很多情況下會有衝動、急於求成的競爭者先出頭，卻不幸掉入鴻溝，當掉入鴻溝的屍身填到一定程度之後再進場，才是最佳時機。如果沒有先跨越鴻溝的自信、膽識和本錢，那就更應該如此。

為了替好奇電影結局的人著想，我們還是回來談電影吧！約瑟與夏蘭分手後一度自暴自棄，漫無目的到處徘徊，懷抱著美國夢而來的移民者大多都是這樣的命運，但是約瑟和夏蘭仍未放棄他們橫渡大西洋時懷抱的希望，經過各種風雨考驗，兩人終於在奧克拉荷馬的土地上重逢（為了開墾廣闊的大陸，需要大量勞動力的奧克拉荷馬實行獨特的移民政策，舉行名為Cherokee race的搶地比賽，在一百六十英畝的土地上，誰先搶到插在地上的旗子，就可以無償獲得那塊土地）。約瑟挑了一匹完全沒有人理的野馬，朝著原野奔馳，最後不只得到了土地，還得到更珍貴的夏蘭的愛。

雖然電影是美好結局，但在現實中可沒那麼簡單，不管再怎麼裝得泰然自若，其實大家心裡明白，上回人事命令發佈時你在期待什麼。如果能升遷該有多好，會得到很多，先從金錢方面來說，不只薪水會增加，還會多很多福利，你的家人會用眼神告訴你這有多麼了不起。走在公司走廊上，向你問好的職員人數也會突增。連那些後臺很硬，平常不輕易低聲下氣的傢伙，也會心不甘情不願地向你行注目禮。

但凡事都有兩面，升遷帶來的缺點也不少，首先隨著權限變大，責任也會變重。在擔任組員時，只要把別人交辦的事做好，接下來就能得到無限自由，但是升為組長之後，沒有一天是能夠寬心的，如果負責的事出錯了，縱使運氣不好，或有什麼難言之隱，都不能擺脫失職的責任。在工業化時代初期，如果能先登上升遷的階梯，被公司炒魷魚的危險就比較低。

但是，現在是先上去的要先下來。

不必因為早早升遷就得意洋洋，也無需為了沒能及早升上去而氣餒，每個人都有適合自己的位置。業務高手升遷之後擔任管理職，卻搞得一塌糊塗的人比比皆是。相反地，被視為像「恆星」一樣萬年不動的人，將來也會成為那個領域的達人，就算已經服務屆滿退休了，還是會因為專業而被公司回聘。總之，要先權衡搶先機的利弊得失，再決定什麼時候該踩油門加速，什麼時候只要不疾不徐地前進就好。

▼練歌房先驅者的沒落

一九九〇年初韓國的練歌房*剛崛起時（至少我還記得），消費者們對那種地方印象並不怎麼樣，愛喝酒的人甚至嗤之以鼻說：「把喝酒跟唱歌分開還有什麼意思？等去到練歌房酒都醒了！」，像這樣瞄準市場初期、想先馳得點的先驅者（？），因為練歌房的「超越時代罪」而不得不黯然退場，不過這也太快了。

之後隔了好一段時間，練歌房市場才蓬勃發展到現在的地步，也許是餐廳店家對酒客們酒酣耳熱之後大聲唱歌的行為，耐心已經用盡，附近居民的憤怒也日益高漲，一切似乎都到了臨界點的關係吧（部分練歌房暗中賣酒也是一大原因）！

---

* 譯註：練歌房即台灣的KTV。因為考量青少年也會進出，所以韓國的練歌房全面禁止賣酒。

我一定要先跳嗎？我真的不介意把這個大好機會讓給你……

Round

11

行不通的理由

贏家的詛咒

要避開「贏家的詛咒」除了克制自己的野心，別無他法。

李大路部長的賽局

「各位親愛的甜滋滋製果的同仁們，在全球不景氣當中要生存是愈來愈困難了，我們的主力產品『糖棒棒』的銷售量久久不見好轉，這種時候最需要各位的聰明腦袋，盡量提出嶄新的點子，希望大家能多多提出可以照亮公司未來的新產品創意。」大概在六個月前公司創立紀念會上，徐雲海社長在全體職員面前說出這樣的話，還承諾會對提出好點子的人給予特別豐厚的獎勵。

社長的話當然吸引大家的注意，李大路部長和趙龍漢部長的眼睛更是露出光芒，因為有預感，這次說不定就是決定誰能升上高階主管、誰要當萬年部長直到退休的關鍵。社長說的「豐厚的獎勵」不知是獎金還是升遷，就算是獎金也會在人事紀錄上留一筆，對未來升遷一定有幫助，總之這次就算想破頭也要擠出一個不得了的提案來。李部長召集了幾個平常特別重視的下屬，組成專案小組（Task force）一起發想創意，聽說趙部長也成立了一個專案小組。

首先要做的是確定產品項目，而最重要的就是「那個男人」的喜好。自以為聰明的傢伙一般都會講要符合什麼市場性、成長性等大道理，那些全都是多餘的，就算再怎麼了不起的項目又怎麼樣，只要老闆不喜歡，一切都是白廢工夫。「先來想想看，社長喜歡的是……對了，就是那個！」李大路部長拍了一下大腿。徐雲海社長是從往十里巷子裡簡陋的小麵包店助手發跡的，也許是因為那段記憶，聽說他直到現在還是常派秘書去買麵包回來當中餐吃。沒錯，就是麵包。

決定好項目之後，就可以一瀉千里地進行了，首先從周邊的朋友及他們的家人開始調查，看喜歡什麼口味的麵包。為了掌握相關業者的動向，市面上的麵包全都買來試吃。至於製作麵包需要的技術，還有材料取得會不會有困難，這部分要暗中秘密調查，同時也要確認需不需要另外找通路商，還是用原本糖果餅乾的通路廠商就可以了。

不過趙部長那邊有點奇怪。在企劃開始進行兩個月左右，聽到趙部長那邊也在以麵包為主開發的情報，李部長感到十分震驚。不過社長對麵包的愛全公司上下無人不知無人不曉，趙部長會這麼做也不是不可能。既然事已至此，就要做出比趙部長更完美的企劃才行，堅定意志，李部長這樣安撫自己。但是，上個月發生了一件令人費解的事，曾經非常勤奮的趙部長，突然說要放棄參加企劃評選大會，他這麼做到底是在打什麼主意？

終於來到提案這天早上，一切都已準備就緒，現在只要到公司將企劃案交給秘書室就完成了。李大路部長搭上地鐵，帶著難得的好心情打開報紙，一邊哼著歌一邊翻閱，突然他看到經濟版下方的一則新聞，瞬間僵住了，「西尼製果全面進軍麵包市場，從製果到烘焙，期待大躍進」。西尼製果是甜滋滋製果的宿敵，啊！原來如此，這就是包打聽趙部長早早就放棄的理由，原以為贏定了，這下卻全都飛了……現在如果提出企劃案，任誰看了都會覺得是馬後炮，李部長的耳裡好像聽到趙部長冷笑的聲音。

誰才是真正的贏家

好萊塢電影《復仇（*Old Boy*）》是改編自二〇〇三年上映的韓國導演朴贊郁的作品《原罪犯》。廣告公司經理喬（喬許・布洛林飾）某天被陌生人綁架，然後莫名其妙被囚禁起來，就跟韓國版的主角崔岷植一樣，他被關在只有一架電視機的房間，吃著水餃度過了二十年（跟韓國版不同的是還提供酒，美國果然是重視人權的國家）。有一天他看了電視，才知道自己的妻子被殘忍地殺害了，而這莫須有的罪名卻都推到他身上，喬咬牙切齒，決定展開復仇。

然而某天當他睜開眼時，發現自己被裝在一個大皮箱裡，並來到外面的世界。和當年不知道為何被囚禁一樣，二十年後被釋放的理由也不得而知。喬在路上遇到親切的女社工瑪莉（伊莉莎白・奧爾森飾），在她的幫助之下一步一步展開復仇。在這個過程中，原版經典的鐵鎚復仇場面，當然以好萊塢的方式絢爛重現。最後終於找到囚禁自己的惡棍，闊別二十年，復仇就在眼前，即將完成的瞬間，喬卻又因為知道新的真相而陷入深深的絕望中。

在現實生活中，也有不甜美的勝利果實，這是在賽局理論中很有名的「贏家的詛咒」。指的是在競爭中雖取得勝利，贏家卻付出龐大的費用或代價而深受後遺症折磨的現象。「皮洛士式勝利」也是同樣的概念，皮洛士是古希臘伊庇魯斯聯盟統帥，在與羅馬對戰中雖然贏過幾次，但也接連失去了好幾名大將，結果在最重要的一役中竟然遭逢意外，莫名其妙地敗北了。在現實生活中，這種毫無實質意義的勝利和傷痕累累的光榮層出不窮，這是被競爭矇蔽了雙眼，沒能好好顧及最終的利害得失而導致的結果。

電影中囚禁喬的安德烈（沙托・卡普利飾），在年少時因為喬的不成熟行為，導致整個家族受到極大的痛苦，他為了復仇而囚禁折磨了喬二十年。但是安德烈在最後選擇自殺，喬也無法長久享受勝利的快樂，為了被囚禁二十年而復仇的喬，把安德烈的手下一個個殺死，但享受勝利的喬在知道安德烈的故事後，深深感到痛苦，最終選擇自己走進監獄。結果在這部電影中，最後誰都不是勝利者（甚至連在反覆的轉折中被騙的觀眾也不是）。

「贏家的詛咒」最早被發現它廣泛可見，是在一九五〇年代墨西哥的石油鑽探權競標市場中，當時技術無法測定正確的石油藏量，只能自己估算個大概就去競標，因此常出現耗費鉅資取得鑽探權後，卻因為石油藏量太少而蒙受巨大損失的狀況。後來在經濟、經營的領域中經常使用這個詞，凡是與得標金額相比，未達到相等利益，或是投入過多的金額進行購併後，不僅沒有協同效應，反而讓原本的經營遭受危險或產生嚴重後遺症的狀況，都適用這個名詞。

帶領波克夏・海瑟威控股公司的美國投資鬼才巴菲特，以不投資尖端科技類股而聞名。雖然不知道尖端技術何時會改變世界，但他已經看透了在那個領域裡，並不是所有企業都能獲得利益，由此可以看出他的老練，了解應該避開贏家的詛咒。

追究行不通的理由

為什麼會發生「贏家的詛咒」？最大的理由，是因為實際上不可能正確評估投資項目或企業價值。欲收購對象的力量和潛力，以及收購後的協同效應等，在評估時只能以主觀介入，然而別人的糕點看起來總是比較大，從決定收購的那一刻起，就支付了比預期還高的費用。只要想想在折扣期間像失心瘋似地瘋狂購買，那些一點一點把空間佔滿的小東西，或是回想一下放在客廳一角，不知何時開始被用來當曬衣架的跑步機就可以理解了。想透過購併在短時間內擴大事業規模和範圍，是企業家本能的想法，但在過程中稍有不慎，就會毫無意外地落入「贏家的詛咒」。

要避開「贏家的詛咒」除了克制自己的野心，別無他法。企業在做大規模投資決策時，需要同時考量「必須做」和「不能做」的平衡點，因為事業不是只做一天兩天。像之前韓國熊津及ＳＴＸ集團的沒落，不只直接間接地影響到員工，更造成渴望企業家精神的韓國經濟莫大的損失，當上層高喊「突擊前進」時，如果能有人問一聲「為什麼？」，那麼好不容易降下甘霖的工薪族神話，就不會無可奈何地崩塌了……

欲速則不達，吃得太急是會摔破碗的。在職場中做出決策時，也要檢視自己的判斷，事前所有危險要素都必須具備安全裝置，根據決策類型的不同，要先確認常態性發生的錯誤，在決策的每一個階段都要好好考慮，這樣會有幫助的。上命下服、一絲不亂的文化，產生「贏家的詛咒」的可能性很高。可以運用像電影《魔鬼代言人》、《關鍵報告》、《戰爭遊戲》、《命轉乾坤》裡的方法，但是也要聽聽周圍的其他意見。

不要自己招來贏家的詛咒

乘勝長驅，是身為職場人都曾經在腦中刻畫過的一幅圖，不，或許現在正在畫呢！而且還是自畫像。不要裝模作樣了，進公司絕不是為了寄居在地上或是像流浪詩人一樣與世無爭，但是請抬頭往上看看，或許一直夢想的乘勝長驅，並不是傳說或神話，反而應該說是曾經風光一時的某人，在中途卻跌落下來的故事會更符合現實。勝利的果實看起來愈甜蜜，後遺症就愈嚴重。

周圍的牽制、嫉妒、誹謗等，讓乘勝長驅的路途困難重重，但在這當中最大的原因，其實是自己的心。聽到別人稱讚你幾次或得到肯定，自滿之心就會油然而生，感覺似乎一切都很順利，昨天是這樣，今天也是這樣，所以相信明天勝利也一定會屬於我的。這就是人啊！

但是昨天和今天的你，還有明天的你都是不一樣的。你不再凡事都抱著渴望的精神，為了公司可以悲壯地獻出生命的心，很久前就消失了，已經經歷過成功的你，現在變成一個「失去太多」而小心翼翼的人，你再也看不到勝利女神對你微笑，最後贏家的詛咒是你自己招來的。

來說說電影背後的故事。好萊塢版的《復仇》，比原版少了鋒利的感覺，而著重在表達故事情節，也許是因為如此，所以在好萊塢的票房並不理想，不論是影像、給人的印象或歌曲的評價，都遠遠不及韓國原版。不過韓國電影能受到好萊塢青睞翻拍，仍是一件值得高興的事。輪流看韓國版和好萊塢版，評價崔岷植與喬許・布洛林、劉智泰與沙托・卡普利、姜惠貞與伊莉莎白・奧森的演技也很有意思。

這場仗我們是打贏了，可是也沒錢整修了……接下來冬天會很冷吔！

（下次可以不要用這種方法玩嗎？）

BREAK

陷入詛咒的M&A

M&A（merger and acquisition，合併與收購）是企業在短時間內想迅速成長最有效的戰略，但是真正透過M&A嘗到甜頭的企業卻很少。二〇〇六年韓國錦湖韓亞集團以六兆四千億收購了大宇建設，這當中借貸來的三億元成了禍根，結果導致整個集團陷入虧損危機，於是錦湖產業開始進行結構重整，大宇建設在被收購四年後，於二〇一〇年不得已又再出售給產業銀行。

熊津集團在二〇〇七年從Long Star基金那裡以超過市場股價的二倍，共六千六百億韓元收購了極東建設，但是在隨即而來的金融危機中陷入資金困難，而在二〇一二年進入法定接管階段。除此之外，還有東部集團收購亞南半導體

（二〇〇七年）、韓華集團收購大宇造船（二〇〇八年）、現代汽車收購三成洞韓國電力公司用地（二〇一四年）等，這些贏家的詛咒在當時都成為話題。

應該是沒有攤在檯面上講吧，如果要一一追究那些受M&A後遺症而苦惱的企業，就可以看出M&A並非千載難逢的機會，反而很可能為企業埋下徒勞無功的種籽。

附錄

【圖解】賽局理論

編輯部

賽局理論是一門處理兩個或更多參與者之間互動的學問。這門學問在分析——當行動不僅受到自己的行為影響，且受其他參與者的行為影響的情況下，如何做出最佳決策。

1. 賽局理論的發展

1921年

二十世紀初，歐洲與美國的數學家便開始了近代對賽局理論的研究。法國數學家在一九二一年陸續發表〈遊戲理論〉論文，討論一些賽局理論的基本問題。

1928年

出生於匈牙利的美國籍數學家馮．紐曼（John von Neumann）發表《客廳遊戲的理論》，證明賽局理論的基本原理，「賽局理論」於此正式誕生。

1944年

馮・紐曼與奧斯卡・摩根斯坦（Oskar Morgenstern）合著出版《賽局理論與經濟行為》一書，將賽局理論系統化與形式化，從此奠定了這門學科的體系基礎。

1950、1951年

美國數學家約翰・納許（John Nash Jr.）於一九五0年發表《n人賽局的均衡點》、《交涉問題》，一九五一年發表《非合作賽局》等論文，他的均衡理論被稱為「納許均衡」，大大擴展了賽局理論研究和應用範圍。

一九五0年，蘭德公司＊的艾伯特・塔克（Albert Tucker）教授將該機構研究的關於困境的理論以囚犯的方式來描述，稱為「囚徒困境」，是一種非零和賽局。

1994年

約翰・納許與約翰・海薩尼（John Harsanyi）、萊因哈德・澤爾騰（Reinhard Selten）兩位學者共同獲頒諾貝爾經濟學獎，肯定他們在賽局理論研究上的突破性貢獻。

1996年

詹姆士・莫理斯爵士（Sir James Mirrlees）與威廉・維克里（William Vickrey）兩位賽局理論經濟學家因「在信息經濟學理論領域做出了重大貢獻，尤其是不對稱信息條件下的經濟激勵理論」獲頒一九九六年諾貝爾經濟學獎。

2005年

美國經濟學家羅伯特・奧曼（Robert John Aumann）與湯瑪士・謝林（Thomas Schelling）兩人因研究賽局理論得到的重大成果，共同獲頒諾貝爾經濟學獎。

2007年

諾貝爾經濟學獎頒給了研究「機制設計理論」的里奧尼德・赫維克茲（Leonid Hurwicz）與埃里克・馬斯金（Eric Maskin）、羅傑・梅爾森（Roger Myerson）三位學者。

2012年

二位專精賽局理論的學者洛伊德・夏普利（Lloyd Shapley）與艾文・羅斯（Alvin E. Roth）以賽局的衍生理論榮獲諾貝爾經濟學獎。

2014年

法國經濟學教授讓・馬塞爾・梯若爾（Jean Marcel Tirole）應用賽局理論進行產業經濟之研究，而獨得諾貝爾經濟學獎。

＊註：蘭德公司（RAND Corporation）雖然名為公司，實際上是美國的一個智庫，以透過慈善、教育和科技來促進美國公眾福利與社會安全為目的的非營利組織。一九四五年成立的時候（當時為「蘭德計畫」）主要為美國軍方做情報方面的調查研究，一九四八年獨立成為智庫機構。它的研究範圍十分廣泛，但以國際關係和軍事方面的報告較受到矚目。馮．紐曼、約翰．納許，以及湯瑪士．謝林等幾位賽局理論的重要專家都曾參與其中。

2. 構成賽局的基本元素

一個賽局的成立，必須包含幾個元素：

● **參賽者** Players：在一個賽局中可以自行選擇行動、做決策的主體（人或組織）。

● **資訊** Information：賽局資訊的分佈狀況——知識是否成為共有？資訊是否充份？……等等，將影響採取的策略。

● **策略** Strategies：參賽者在賽局中，為可能發生的狀況研擬的一套完整行動計畫。

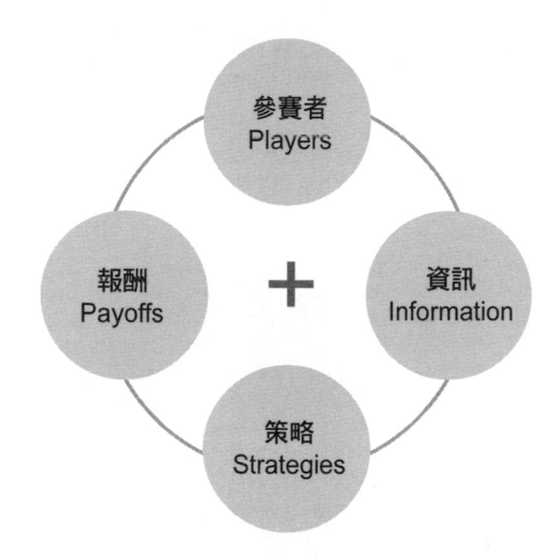
參賽者
Players
報酬
Payoffs
+
資訊
Information
策略
Strategies

動機
+
理性
採取行動
（策略）

利得。

● **報酬 Payoffs**：參賽者採取某策略行動，對結果的期待值或評價、

賽局開始之前，必須先確定應遵守的規則（Rules），決定參賽者、報酬、資訊、單回合還是重複賽局等狀態，也就是玩法是什麼。例如二人猜拳，剪刀＞布＞石頭＞剪刀，贏一次得一分，總共比三把定勝負。

在賽局理論中，假設參賽者都是理性的，會依據動機、透過理性思考來採取行動，將自己的利益最大化。但事實上，人的理性常有其限制（參考本書第1章，Round 6〈受限的理性〉），因此最好不要對自我的理性過度自信，應留意資訊與情勢變化來調整行動。

3. 賽局如何分類？

依照參賽者間是否合作分為：

●**合作賽局：**賽局中的參賽者制定出具有約束力、可以共同遵守的協定，常見的就是合約或協議，因而形成聯盟或集團。如此一來，對外就會變成與不同聯盟或集團之間的賽局競爭。合作賽局通常在分析形成合作聯盟的結構、如何採取聯合策略、預測收益及利益分配。合作的目的是為了創造雙贏，所以又稱為「正和賽局」。

●**非合作賽局：**和合作賽局相反，參賽者間不可能達成協議、締造合約與形成聯盟，主要在分析參賽者如何在彼此相互利益影響的局勢中，選擇對自己最有利的策略。例如談判、議價中不同策略造成的收益分佈。

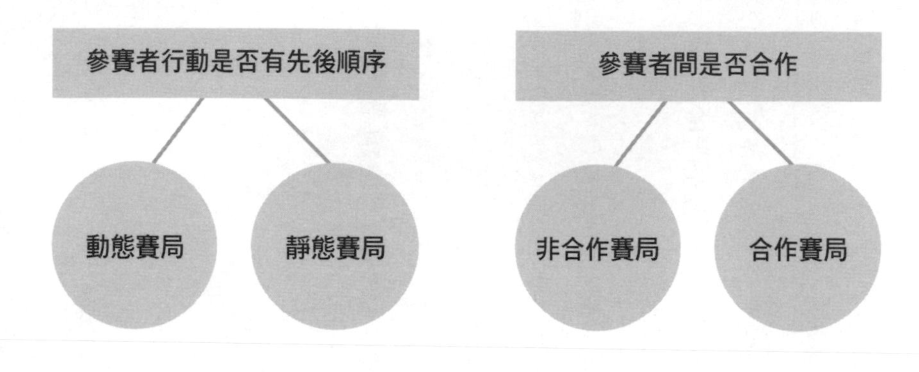

依照參賽者行動是否有先後順序，分為：

● **靜態賽局Static game：**參賽者同時行動，或是雖然未同時動作，但無法觀察得知對手採取了什麼的行動。例如猜拳、囚徒困境。

● **動態賽局Dynamic game：**指參賽者的行動有先後順序，後者可以看到先行者的動作來採取行動。如圍棋、象棋。

4. 解讀賽局的方法：報酬矩陣

當我們在規劃行動時，如何知道所採取策略的利害得失？賽局理論的專家們用一個表格就能看得清楚明瞭。把參賽者各自會採取的策略，以及雙方的對策相較量後產生的結果（報酬）都列在表格中，稱為「報酬矩陣（Payoff matrix）」，又稱作標準型或策略型，通常用在靜態賽局中。

假設有甲、乙二個參賽者，甲有A、B二種策略，乙也有C、D二種策略，他們的報酬矩陣分別是：

甲的報酬矩陣——

	C	D
A	a1	a2
B	b1	b2

乙的報酬矩陣——

	C	D
A	c1	d1
B	c2	d2

兩人的報酬矩陣——

	C	D
A	a1, c1	a2, d1
B	b1, c2	b2, d2

5. 解讀賽局的方法：賽局樹

除了報酬矩陣，也可以用另外一個展開型的方式「賽局樹（Game tree）」來分析，尤其如果賽局並非一次就結束，而是有先後次序、連續進行的動態賽局，賽局樹可以清楚看出序列的選擇。

賽局樹可以表達：

(1) 參賽者：用節點來表示，可以顯示行動的順序

(2) 策略：用枝幹表示可以選擇的決策行為

(3) 結果（報酬）：最末端是賽局結束的終結點（terminal nodes），後面接的數字表示根據雙方採取的對應策略得出的收益

以下是甲先開始的賽局樹（展開型的靜態賽局）：

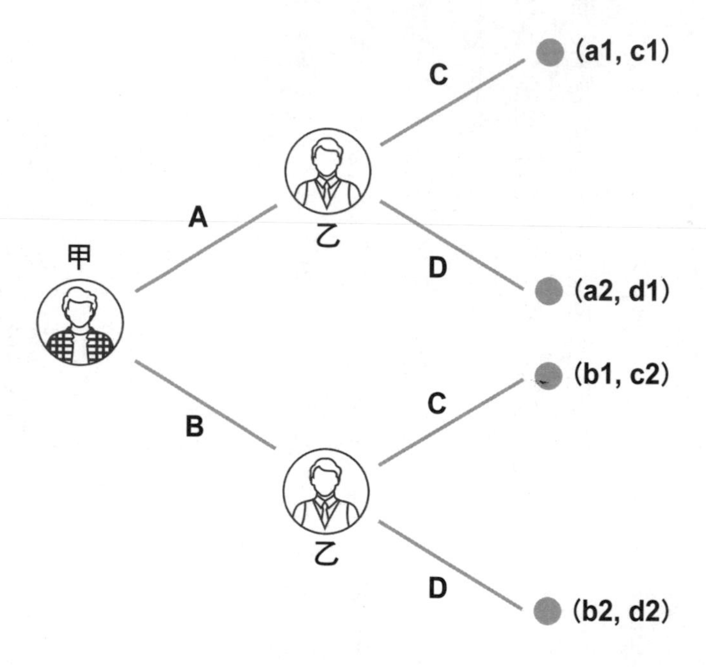
甲
A
B
乙
乙
C
D
C
D
(a1, c1)
(a2, d1)
(b1, c2)
(b2, d2)

6. 納許均衡

納許均衡（Nash equilibrium）是賽局理論中很重要的概念，在本書Round 1也提到，「賽局理論就是找尋均衡的一門學問」。

●什麼樣的狀況才是均衡狀態？

參賽者都對賽局做出最適當的反應（best response），也就是在達到納許均衡時，每個人都選擇了對他而言最好的策略，這也是最穩定的狀態。這時，就算其中一方選擇其他策略（非納許均衡），他的報酬也不會增加，所以並不會有人想要改變。

●如何找出納許均衡？

在賽局中，參賽者不僅要有自知之明，還要知己知彼，才能推斷出均衡

	C	D
A	a1, c1	a2, d1
B	b1, c2	b2, d2

假設在甲乙兩人的賽局中，甲選擇B策略、乙選擇D策略是納許均衡，那麼就算甲或乙改變策略，並不會提高他們的報酬。

點，預測接下來最可能發生的狀況。以本書為例，Round 1提到，「在酒吧中的所有的男人從一開始就不應該貪圖肖想金髮女神，應該要去約適合自己水平的普通女人」，這個過程便是在尋找納許均衡。

● 優勢策略

如果參賽者（甲）有A、B二種策略，但不論對手採取什麼策略，A策略都能帶來最大利益，那麼A就是甲的「優勢策略」。

找出納許均衡的方法

先假設對手乙選擇 C 策略

思考這時我（甲）可以採取的最佳策略是什麼？

（假設 A 策略可以帶來最大報酬）

決定選擇 A 策略

（甲達成最適當反應）

如果自己採取 A 策略時，找出對手將會採取的最適當反應是什麼？

YES

如果求出的答案符合一開始的假設（C 策略）

OK

那麼就表示雙方都做出最適當反應，達到納許均衡

NO

不符合一開始的假設（非 C 策略），就重新做其他推論

7. 囚徒困境

我們可以用本套書〔第2冊〕Round 6「囚徒困境」的例子來了解納許均衡。

假設有兩名犯人，他們分別被隔離在不同的房間接受偵訊。有幾種情況：

(1)如果兩人都否認犯罪，在很難證明嫌疑的情形下，只會被判極輕的罪（各判1年）；

(2)如果兩個人都認罪，隨著犯罪事實一一被揭露，兩人都避免不了嚴重的刑罰（各判五年）；

(3)如果其中一個人招供，自首的人很快就會獲得釋放（不判刑），另一個否認到底的人（被判十年）。

	否認	認罪
否認	**-1, -1**	**-10, 0**
認罪	**-10, 0**	**-5, -5**

從報酬矩陣可以看出：兩個囚犯都否認是最理想的狀況，但這並不是納許均衡。

從旁觀者可以縱觀全局的角度來看，當然了解都否認可以判最輕的刑，但被分開偵訊的犯人，並無從得知另一個犯人會做什麼選擇，從他們的視角來看的思考邏輯會是——

從甲的觀點來看，如果他選擇「否認」，那麼很有可能會被判十年，如果認罪的話，最多判五年，運氣好的話還可能無罪釋放，所以「認罪」是對他較有利的選擇（優勢策略）。反過來從乙的觀點來看也是一樣。因此甲乙雙方都

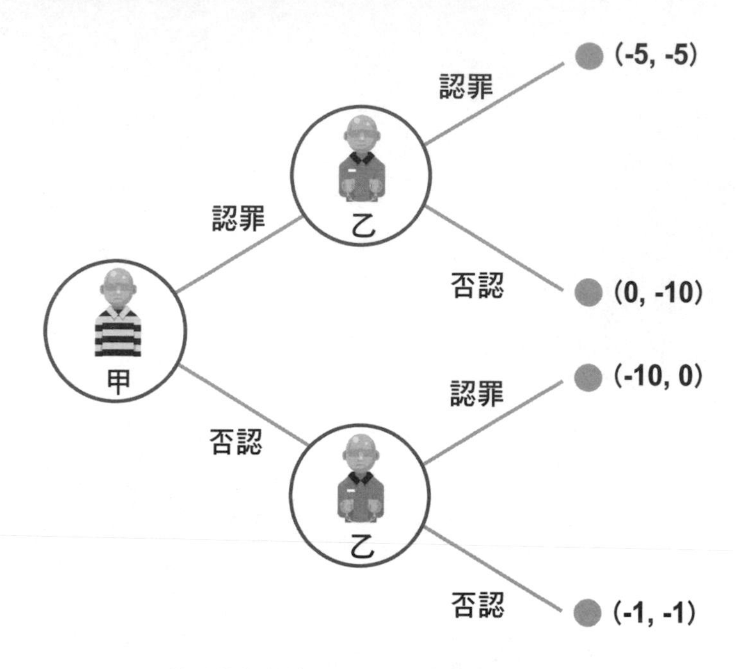

從甲的觀點來看，他應該要選擇「認罪」。

認罪即是這個賽局的納許均衡。

如何跳脫囚徒困境？

如果兩個囚犯可以設法打pass（傳信號，Signaling），講好打死否認到底，那麼很快就可以全身而退。在現實生活中，並不完全像囚犯之間完全無法溝通，如果也能事先打pass或是簡單溝通（廉價磋商，Cheap talk），有了默契就能達到另一個更有利的納許均衡。

8. 膽小鬼賽局

「膽小鬼賽局（The Game of Chicken）」的納許均衡又是什麼呢？

膽小鬼賽局的模型是兩位參賽者面對面開車直衝向對方，在對撞之前先轉彎的那人就會被恥笑是膽小鬼，又叫做「懦夫賽局」，最糟的結果就是兩敗俱傷，同歸於盡。本書Round 7以電影《養子不教誰之過（Rebel Without a Cause）》為例，吉姆和巴茲決定比膽量，各駕一輛車衝向斷崖，最後跳車的獲勝。就是典型的膽小鬼賽局，結果是巴茲因為衣服被車門夾住，沒能及時脫逃而墜崖死亡。

這個賽局有二個納許均衡，甲或乙其中一方先轉彎，而另一方繼續直衝取得勝利。結果會落在哪一個均衡點就不得而知了。

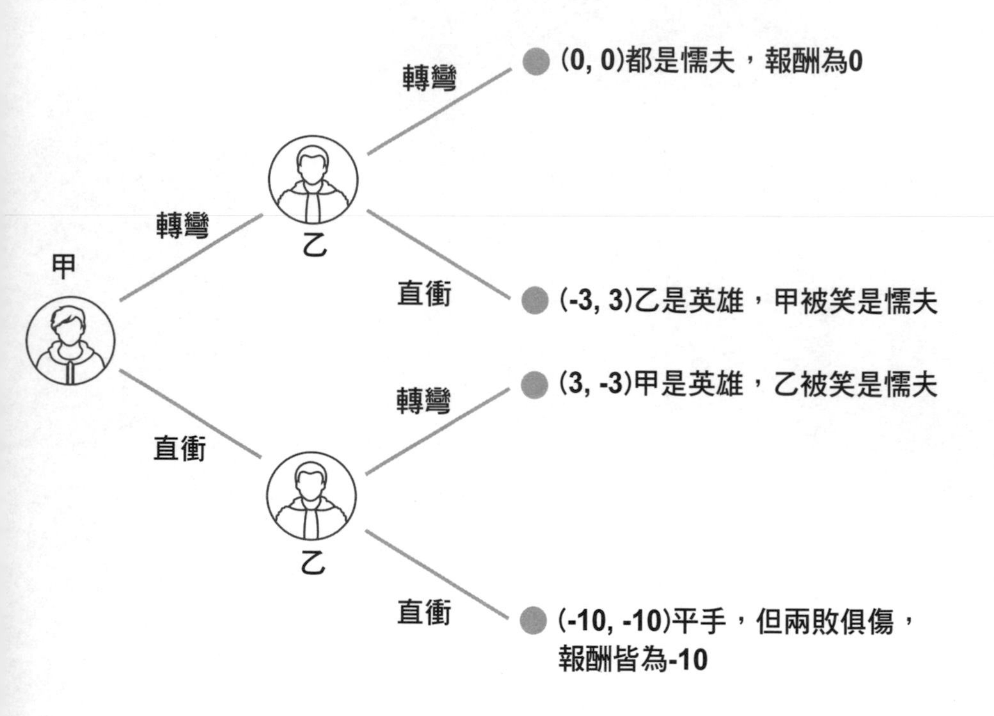
甲
轉彎
直衝
乙
轉彎
直衝
乙
轉彎
直衝
(0, 0)都是懦夫，報酬為0
(-3, 3)乙是英雄，甲被笑是懦夫
(3, -3)甲是英雄，乙被笑是懦夫
(-10, -10)平手，但兩敗俱傷，
報酬皆為-10

	轉彎	直衝
轉彎	0, 0	-3, 3
直衝	3, -3	-10, -10

至於解決的方法，就像作者說的：

「膽小鬼賽局就像大家常想的那樣，是沒有必要的膽識較量，所以一開始就不要陷入膽小鬼賽局中，就算一時衝動陷進去了，也要盡最大努力去安撫對方，以避免最壞的狀況——同歸於盡——才是上策。」

9. 性別賽局

本書Round 8提到的「性別賽局（Battle of the Sexes）」也有兩個納許均衡，不同於膽小鬼賽局參賽者雙方採取不同策略才會獲勝，性別賽局則是雙方採取相同策略才是最有利的。

假設有一對夫妻約好下班之後約會，但不記得到底是要去看歌劇還是足球賽，而兩人又無法互相聯繫（或是說如果被發現忘記約定場所，可能會招來更大的災禍），丈夫跟妻子各自該往哪裡去呢？

性別賽局基本上是以協調喜好為核心，所以也叫做協調賽局（Coordination Game）。假設丈夫看足球賽的滿足度是5，妻子是3；而看歌劇的話，丈夫的滿足度是3，妻子是5。這個賽局的報酬矩陣為——

妻子

丈夫

	足球賽	歌劇
足球賽	5, 3	0, 0
歌劇	0, 0	3, 5

這個賽局的均衡狀態是兩人一起去看歌劇，或是一起看足球賽（即使妻子比較喜愛歌劇、丈夫比較喜愛足球），兩者當中選擇哪一種，會因夫妻倆平時的默契而有所不同。就算偷東西也要齊心協力，如果之前大多都是去看足球的話，這次可能就會去看歌劇；又或者如果是非常難得的A級球隊，可能二話不說就去看足球賽了。最壞的狀況就是各選各的，兩人都成為突然失去伴侶的孤雁。

10. 共有財的悲劇

一九六八年，美國生態學家加勒特・哈丁（Garrett James Hardin）提出了「公有地悲劇」，本書〔第2冊〕也提到這個賽局概念「共有財的悲劇（The Tragedy of the Commons）」。

所謂「公有地悲劇」是描述：在一片公有草地上有一群牧羊人在這裡放牧他們的羊群。某天，其中一位牧羊人想要多賺一點，就帶了許多羊進來。一開始牧草還充足，因此這位牧羊人增加了很多收益，其他牧羊人見了紅眼，也有樣學樣，於是過度放牧的結果使草地承受不住，因而牧草枯竭，帶來所有的羊都沒有草吃的悲劇。某些人的自私造成的結果卻必須由全體一起承擔。

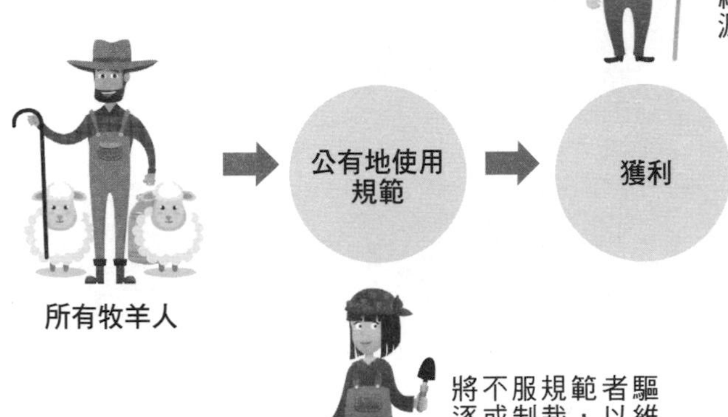

有人認為共有地的悲劇是因為缺乏規範，應該訂立使用規則、共同約定，但若沒有足以制裁的能力，仍然缺乏約束力，無法守護共同利益。

賽局理論中對於公有財的悲劇提出非常有效的解決方法，只要賦予公有資源財產權即可。但是如果公有資源不再是「共有」，而是「所有」，這時候就不一樣了，不是要最大程度的利用，而是要最大限度的節約。

11. 兄弟分蛋糕

本書〔第2冊〕Round 16提到一個有趣的賽局「兄弟分蛋糕」。哥哥和弟弟二人分食一塊蛋糕，切的人可以決定大小，但必須讓另一個人先選。

切蛋糕的人有二種方法：切成一大一小，或是二塊差不多大；

選蛋糕的人有二個選法：選較大的，或是選較小的那塊。

那麼賽局矩陣會是：

	選較大的	選較小的
切成一大一小，約7:3	3, 7	7, 3
切成差不多大小：約5.1:4.9	4.9, 5.1	5.1, 4.9

這個賽局的平衡點在左下角，由哥哥來切（差不多大小），弟弟先選（較大的）。

國家圖書館出版品預行編目(CIP)資料

我從賽局理論看懂暗黑心理學－朴鏞三的人性暗黑賽局〔第1冊〕/ 朴鏞三著 ; 李宜蓁, 馮燕珠譯. -- 新北市 : 大樂文化, 2018.12
208面 ;　14.8X21公分
ISBN 978-957-8710-04-7（第1冊 : 平裝）. --

1.職場成功法 2.博奕論

494.35　　107020940

UB037

我從賽局理論看懂暗黑心理學——朴鏞三的人性暗黑賽局〔第1冊〕
遇到主管惡整、同事扯後腿，你如何讓局勢翻盤？

作　　者／朴鏞三박용삼
封面設計／蕭壽佳
內頁排版／菩薩蠻電腦科技有限公司
責任編輯／張淑萍
主　　編／皮海屏
發行專員／劉怡安
業務專員／王薇捷
會計經理／陳碧蘭
發行經理／高世權、呂和儒
總編輯、總經理／蔡連壽

出 版 者／大樂文化有限公司
地址：新北市 22041 板橋區文化路一段 268 號 18 樓之一
電話：(02)2258-3656
傳真：(02)2258-3660
詢問購書相關資訊請洽：(02)2258-3656
郵政劃撥帳號／50211045　戶名／大樂文化有限公司

香港發行／豐達出版發行有限公司
地址：香港柴灣永泰道 70 號柴灣工業城 2 期 1805 室
電話：852-2172 6513　傳真：852-2172 4355

法律顧問／第一國際法律事務所余淑杏
印　　刷／韋懋實業有限公司

出版日期／2018 年 12 月 27 日
定　　價／250 元（缺頁或損毀，請寄回更換）
I S B N／978-957-8710-04-7

優渥叢書

優渥叢書